U0835741

心理传记与质性心理学

Psychobiography and Qualitative Psychology

中国心理学会心理学质性研究专业委员会
岭南师范学院心理传记学与生命叙事研究所
主办

2019
Vol.6

第六辑

郑剑虹
刘电芝
主编

中央编译出版社
Central Compilation & Translation Press

图书在版编目（CIP）数据

心理传记与质性心理学. 第6辑／郑剑虹，刘电芝主编. —北京：中央编译出版社，2019.12
ISBN 978-7-5117-3812-7

Ⅰ.①心… Ⅱ.①郑… ②刘… Ⅲ.①心理学－文集
Ⅳ.①B84-53

中国版本图书馆CIP数据核字（2019）第293996号

心理传记与质性心理学. 第6辑

出 版 人：葛海彦
出版统筹：贾宇琰
责任编辑：朱瑞雪
责任印制：刘　慧
出版发行：中央编译出版社
地　　址：北京西城区车公庄大街乙5号鸿儒大厦B座（100044）
电　　话：（010）52612345（总编室）　（010）52612341（编辑室）
（010）52612316（发行部）　（010）52612346（馆配部）
传　　真：（010）66515838
经　　销：全国新华书店
印　　刷：河北下花园光华印刷有限责任公司
开　　本：787毫米×1092毫米　1/16
字　　数：248千字
印　　张：18.25
版　　次：2019年12月第1版
印　　次：2019年12月第1次印刷
定　　价：98.00元

网　　址：www.cctphome.com　**邮　　箱**：cctp@cctphome.com
新浪微博：@中央编译出版社　**微　　信**：中央编译出版社(ID: cctphome)
淘宝店铺：中央编译出版社直销店(http://shop108367160.taobao.com)
(010)55626985

本社常年法律顾问：北京市吴栾赵阎律师事务所律师　闫军　梁勤
凡有印装质量问题，本社负责调换，电话：（010）55626985

主办：中国心理学会心理学质性研究专业委员会
　　　岭南师范学院心理传记学与生命叙事研究所

编审委员会

编审顾问：黄希庭
主　　编：郑剑虹　刘电芝
副 主 编：郭永玉　钟　年　燕良轼　甘怡群　杨莉萍
编审委员（按姓氏笔画排序）：
丁兴祥（台湾辅仁大学）
丁道群（湖南师范大学）
尹可丽（云南师范大学）
甘怡群（北京大学）
叶一舵（福建师范大学）
田良臣（江南大学）
田　宝（首都师范大学）
刘电芝（苏州大学）
刘　力（北京师范大学）
刘学兰（华南师范大学）
刘　毅（武汉大学）
李文玫（台湾龙华科技大学）
李力红（东北师范大学）
李继波（岭南师范学院）
毕重增（西南大学）
江　波（苏州大学）
吴继霞（苏州大学）
谷传华（华中师范大学）
陈祥美（台湾中国文化大学）

陈建文（华中科技大学）
陈羿君（苏州大学）
陈顺森（闽南师范大学）
张雨青（中国科学院）
张慈宜（台湾辅仁大学）
张宝山（陕西师范大学）
杨莉萍（南京师范大学）
杨　玲（西北师范大学）
郑剑虹（岭南师范学院）
郑荣双（岭南师范学院）
范丽恒（河南大学）
罗文波（辽宁师范大学）
钟　年（武汉大学）
郭永玉（南京师范大学）
郭斯萍（广州大学）
贾宇琰（中央编译出版社）
贾林祥（江苏师范大学）
耿文秀（华东师范大学）
翁开诚（台湾辅仁大学）
徐建平（北京师范大学）
凌　辉（湖南师范大学）
萧延中（华东师范大学）
阎书昌（河北师范大学）
傅安国（海南大学）
舒跃育（西北师范大学）
赖诚斌（台湾辅仁大学）
翟　群（澳门理工学院）
燕良轼（湖南师范大学）
薛荣祥（台湾龙华科技大学）

编辑部主任：何吴明博士（岭南师范学院）

目录
contents

心理传记学

叙事研究

扎根理论与主题分析

书评

目录
contents

Psychobiography

Narrative Psychology

Grounded Theory and Thematic Analysis

Book Review

心理传记学研究方法操作之初探——以 du Plessis 的逐步法为例

蔡念耘　余柏勋　吴聪慧　陈祥美*

（台湾中国文化大学心理辅导研究所，台湾台北，11114）

／摘　要／

弗洛伊德（Freud）的《列奥纳多·达·芬奇与他童年的一个记忆》（*Leonardo da Vinci and a Memory of His Childhood*），悄然揭开心理传记学领域的序幕。心理传记学作为新兴的社会科学研究领域，以历史学及心理学为主轴，并且揉合了艺术、美学与文化脉络等多元范畴。诸如埃尔姆斯（Elms）、鲁尼恩（Runyan）、舒尔茨（Schultz）、庞特洛特（Ponterotto）等人纷纷提出对于心理传记学研究之优劣的概要性守则与评判标准，而好的方法学兼具心理传记学之艺术性与科学性的独特性质，可以协助研究者提升产出之研究质量。本文以鲁尼恩的准司法程序及杜·普莱西斯（du Plessis）的逐步法作为方法学之研究标的。首先，

* 通讯作者：陈祥美，副教授，博士，E-mail：hmchencsm@gmail. com

自鲁尼恩准司法程序观之，就所辖之八个步骤分别以概念图示及文字阐述以掌握步骤间之脉络。其次，说明杜·普莱西斯逐步法，循各阶段共十二个步骤以表序列，并就个别步骤逐一探讨，历程中着墨于概念分类、理论比对、实务运用、研究趋势等层面，援引实例来呼应特定步骤之具体内涵。此外，考量逐步法乃新兴方法，适用之情势尚待分晓，故就该实务应用及限制之隅列点分述。详察此二种方法之内涵后，本文尝试以演化观点，看待逐步法相较于准司法程序所追加之建置，试图掌握逐步法于时代推演中所精进之不同向度。文末，以表格呈现鲁尼恩的准司法程序及杜·普莱西斯的逐步法之间不同层面之异质性，揭示早期心理传记学方法厚实且辽阔之本质以及当代新兴方法细腻且具体之特色。

/ 关键词 /
心理传记学，方法学，逐步法，准司法程序

一、前言

心理传记学是系统地采用心理学的理论和方法进行个体生命研究的一门学科。其成功之道不在于利用一般人类通则加以演绎，而是透过寻找个体之所以如此行动的个人原因，竭尽所能地搜集个体相关资料，从中建立独特的模式，并透过组织成为故事来达成（Dray，1971；Runyan，1982/2002）。心理传记学作为20世纪新兴的社会科学研究领域，以历史学（涵盖传记、自传、口述历史）及心理学（涵盖心理分析、人格心理学、生命叙说）为主轴（Ponterotto，Reynolds，Morel & Cheung，2015），并且揉合了艺术、美学与文化脉络等多元范畴，自个别传主独特的生命经验中萃取其特则性及通则性，使人类文明对于个体生命的研究开展出系统性、架构性、经验性的康庄大道。

在心理传记的研究中，最具争议性的议题应是对于个体生命经常有的不同叙述和诠释，但这并不代表个体生命研究的“客观”是不可得的，反之，对于个体生命的分歧看法并不等同于混沌不清的解释，生命之复杂本就存在不同的理解与领会，甚者，许多心理传记学家更进一步认可此独特性之价值，然而，现实确实存在着一些不可靠的心理传记研究结果，鲁尼恩（1982/2002）提出心理传记的争议中包含不适当证据、重建、化约主义等议题，而好的方法学可以帮助我们提升心理传记的研究质量，故在心理传记发展的进程中，逐渐演进与开展之系统性研究架构，提供了更加严谨、详实之操作原则，被后进学者视为一项重要的参考基础。系统性理论之滥觞为鲁尼恩于 1982 年出版之《生命史与心理传记学：理论与方法的探索》（Runyan，1982/2002），往后陆续出版重要理论著作之学者包含埃尔姆斯（1994）、舒尔茨（2005）、庞特洛特（2014）等，其中不乏各家提出对于心理传记学研究的过程与建议，诸如鲁尼恩所提之准司法程序，以及杜·普莱西斯基于迈尔斯（Miles）等人（2014）所发展出的逐步法研究取径。可见随着时代之推演，方法学亦有持续精进之势。

故本文期以讨论心理传记基本的研究程序，提供心理传记方法学之概念基础，帮助新进研究者增进对个体生命研究的了解以及提升心理传记的研究质量，而本文首先将介绍鲁尼恩（1988）的准司法程序，讨论心理传记方法学初始之研究架构，再以杜·普莱西斯（2017）的逐步法为讨论主轴，详加叙述其实施步骤与实例应用。

本文将此两者作为讨论主题，首先原因为鲁尼恩在 1988 年发表之准司法程序为 20 世纪最初发表心理传记方法学相关操作概念与程序之先例，其 1982 年发表之《生命史与心理传记学：理论与方法的探索》为心理传记学进入“学科形成阶段”之指标性书籍（舒跃育，2018），并且是第一本从理论层面探索心理传记学的著作（郑剑虹、黄希庭，2013），为心理传记研究者重要之参照依据，故鲁尼恩的著作对心理传记研究具有一定的影响力，再者，台湾心理传记学的发展，从早年到近期的论文，皆以鲁尼恩的准司法程序作为心理传记研究之重要参考架构（陈祥美，1994；陈御蓓，2005；罗曲玲，2005；张旭阳，2016；赖诚斌，1994），故以鲁尼恩的准司法程序作为本文开头介绍，以供读者首先了解心理传记学初始方法概念。而杜·普莱西斯在2017年发表之逐步法，相较于鲁尼恩的准司法程序八步骤，介绍了十二项步骤，除涵盖鲁尼恩（1988）的准司法程序拥有之基本概念，其提供了更详尽的操作步骤与实例，故本文探讨杜·普莱西斯在2017年发表之逐步法在经过30年演进后，相对于过去鲁尼恩的准司法程序，又补充或详述了哪些概念？在众多仍使用鲁尼恩的准司法程序为架构的研究中，增添杜·普莱西斯的逐步法的概念是否能提供更详尽、具体及细致之操作方法予以研究者参考，以增进心理传记之研究质量。

二、鲁尼恩的准司法程序

心理传记学研究的重要学者鲁尼恩，认为研究架构是种准司法（quasi-judicial）程序的论证历程，于1988年提出“对个体生命了解与知识的进展循环流程图”（见图一）。以下概要讨论鲁尼恩主张之八步骤：

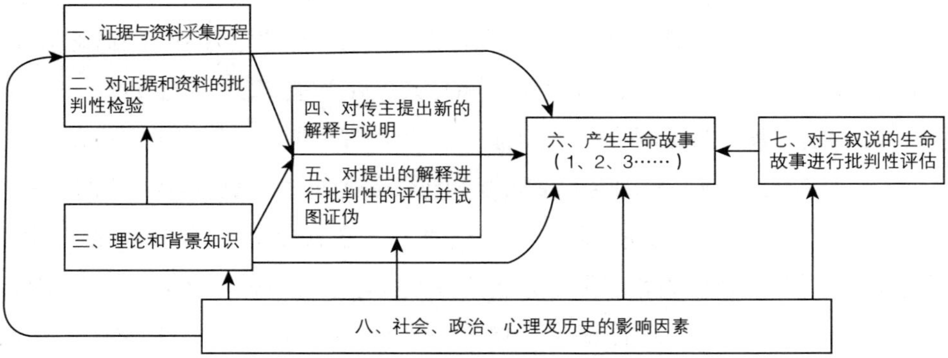

图一 鲁尼恩对个体生命了解与知识的进展循环流程

资料来源：作者自行绘制，参考 W. M. Runyan（1988），Progress in Psychobiography，*Journal of Personality*（56），p. 307。

（一）证据与资料搜集历程

搜集有助于了解案主的所有相关资料，包括信件、日记、访谈资料、档案记录或物理证据等，例如亲朋好友对于传主的相关记述、医疗纪录、私人档案。在此阶段参考资料需齐全，没有重大遗漏，正确的细节资料以及每一部分有适当的比重，证据的来源以及调查方法有清楚的说明及适切的评估，证据及其他来源要适当地记录清楚，以便其他研究者可以重新审查这些原始资料（Bromley，1977，引自 Runyan，1982/2002）。

（二）对证据和资料的批判性检验

不同传记资料中可能对传主的同一段生命经历有不同解释，为避免错误资料带来的错误诠释，应在既有的证据基础上检测基因资料或伪证的可能，并根据不同证据来源分配证词的重要性程度，进行不同资料的交叉比对。鲁尼恩（1982/2002）提到心理传记的解释最常受到的批评之一乃是关于不适当证据的问题，故研究者需要更加严谨地对待，可将注意力集中到那些具有充分证据的历史人物身上，若其缺乏童年经验的资料，最好避免一些关于早期发展的解释，因心理学往往无法做到精准地重建或逆测。

（三）理论和背景知识

这是解释个案的基础，包括心理发展理论、与传主相关的文化历史脉络的理解以及相关联的生物或医学知识。

（四）对传主提出新的解释与说明

对经过批判性检视的证据与资料，运用心理学的理论来对传主进行可能的解释。诠释的过程基本上要能说得通，也要让读者清楚地理解，交代清楚不同人说法的差异，并试着提出其他可能的解释，把一些独立的意见做很好的整合（丁兴祥、赖诚斌，2001）。另外，舒尔茨认为某个因素可能是影响个人的重要原因，但并不是唯一的影响因素，化约主义的做法简单地将某一影响因素用来解释许许多多的东西，实际上，优质的心理传记作品是反过来做的，也就是对难以理解的思想和行为整体，要从各式各样的传记载体中寻找解释（Schultz，2005/2011）。

（五）对提出的解释进行批判性的评估并试图证伪

对传主提出的生命经历提出可能性的解释并非单一，而是丰富且复杂的，因此，在面对各种解释中，批判性的检视是必要的（张旭阳，2016）。光是接受所有的解释可能都成立并不够，而是，我们需要对各种解释进行批判性检验，并且比较他们的相对可行性。而要寻找历史事件的证据本来就会面临诸多限制，要直接验证每个解释可能非常困难，然而，我们可以借由辨认有缺陷的解释以及搜集相互支持的证据来加以评估，以下为鲁尼恩（1982/2002）整理出之参考标准：

1. 其逻辑的严谨性；
2. 在解释事件的各个待考层面上的周延性；
3. 其能否通过真伪的检验，例如针对其所衍生的预测或逆测的检验；
4. 其与所有可得到的相关证据的一致性；

5. 其与关于人类功能或研究对象的常识的一致性；
6. 其相对可靠性（相对于其他的诠释假设）。

（六）产生生命故事

包含先前具体的解释和诠释，运用传主大量的生命资料，以心理学的理论和背景知识来生产出具体的故事。在图一中，生命故事之所以为复数，是指研究者有可能分别处理传主好几个不同生命阶段所发生的重大经历，而每一单独的生命故事之探索，都重复经历从步骤一到步骤六的研究循环（张慈宜、丁兴祥，2012）。

（七）对于叙说的生命故事进行批判性评估

可利用传记或个案研讨的形式，仔细评估证据的充分性与适切性、背景理论的恰当性，以及提出解释的可信度。检查故事中是否有证据不充分或者矛盾的地方，或是解释不合理之处，如果有的话则再进行故事的修正。以鲁尼恩（1982/2002）对诠释“为何梵高会割掉自己的耳朵?”进行批判性评估为例，若假设梵高是受到当时开膛手杰克的报导影响，则这个解释必须是梵高注意到其割耳朵的细节，并看到在十五篇相关报导其中仅有两篇提及割耳的报导，并持续影响他直至其割耳的当晚，然而这些假设皆没有实证证据的支持，故这个诠释并不具有证据的充分性与可信度。

（八）社会、政治、心理及历史的影响因素

这影响着什么样的资料将被研究者搜集、解释及批判，并影响着其所提出

背景理论、知识的种类，也影响着整体叙述的形式和结构。此步骤贯穿于先前所有的步骤中，每个步骤都要考量社会、政治、心理及历史的因素。鲁尼恩（1982/2002）指出，诠释的历程并不仅取决于事件的证据及逻辑，同样的也取决于搜集和解释证据时，以及对不同解释假说进行批判性检验时，当时社会和政治利益上的考量。例如不同政治利益的影响，可以反映耶稣、莎士比亚及林肯等人在不同传记里的描述。

三、杜·普莱西斯的逐步法

于众多探讨方法论的文献中，杜·普莱西斯认为诸如埃尔姆斯（1988，2005b）、鲁尼恩（2005a）、舒尔茨（2005a）及庞特洛特（2014）等著名学者，对于如何辨识心理传记学研究质量的优劣提出概要性守则或评判标准，然而对于研究的执行过程，却鲜少论及具体确切的程序与步骤。有鉴于此，杜·普莱西斯（2017）基于迈尔斯等人（2014）的质性资料分析法，发展出适合心理传记学研究的逐步法（见表一），十二步骤逐一分述如下：

表一 杜·普莱西斯的逐步法

阶段	步骤
资料搜集阶段	步骤一：选择传主
	步骤二：辨识第一手资料与第二手资料，批判性地评价资料的潜在价值
	步骤三：辨识传主的生命脉络，并决定哪些素材可用于心理传记研究
	步骤四：适配的心理学理论
资料沉淀阶段	步骤五：由资料来揭露其自身
	步骤六：对于传主的资料探问相关的特定问题
	步骤七：开发编码策略、进行编码

（续表）

阶段	步骤
资料呈现阶段	步骤八：选择呈现样式
	步骤九：结合资料与呈现样式
结论与验证阶段	步骤十：撰写心理传记
	步骤十一：针对一开始想要了解的特定问题修改内容
	步骤十二：评估研究过程

资料来源：修改自 C. du Plessis（2017），The Method of Psychobiography：Presenting a Step-wise Approach，*Qualitative Research in Psychology*（14），p. 222。

（一）步骤一：选择传主

杜·普莱西斯（2017）提出关于选择传主所应考量的几点事宜，包含：研究者与传主的关系、传主仍在世或已故（基于伦理的考量）、可搜集到的资料数量。研究者应自问为何选择该传主、对于传主的感受、想了解传主的什么。

此外，吉多（Gedo）针对一般传记的要求："要写出一部成功的传记，必须精通传主活动的领域"，同样也适用于心理传记领域（引自 Runyan，1984：231）。有鉴于心理传记研究需要大量的时间搜集并阅读传主有关的资料，因此埃尔姆斯（1994）建议最好选择一位研究者愿意长时间研究，可能至少要一年至两年时间研究的对象作为传主。笔者认为研究者选择传主时，除了考量自身的兴趣、该领域的涉猎程度之外，也应注意对于研究对象的情绪是否过于强烈——崇拜、厌恶、憎恨等，都不适合选为一位传主。

选择一位传主作为研究对象时，也应考虑这份研究对于世人的贡献性。近年来，受到影视传播业兴盛影响，社会大众对于历史人物、传记小说的兴趣逐渐增加，历史人物、作家的人格养成与心理分析是推广心理传记学的方向之一，吸引一般人阅读之后反思自己的生命（张慈宜、丁兴祥，2012）。实务工作层面，亦应考量这类人物是否能帮助助人工作者了解相似的族群。选择传主时，也应注意所能获取的信息量，若能取得与目标人物有关的资料越多、越丰富、一致性与可信度越高，对于研究而言是最有益的。

（二）步骤二：辨识第一手资料与第二手资料，批判性地评价资料的潜在价值

理想上，与传主有关的资料应该要能包含第一手与第二手资料，并且有助于研究者理解传主的心理历程。传主若有自传、日记、书信等自己所写的文字，则为第一手资料（du Plessis，2017）。他人以文字、口述述说有关案主的相关信息则另为一类。埃尔姆斯（1994）在提出心理传记研究的五步骤中，将资料搜集分为“已出版资料”与“未出版资料”，在选择传主的时候，研究者应先快速浏览与传主相关之已出版文献，例如日记、自传、回忆录等，对于初学者来说相关资料越多越好，而通常研究者就会在此止步，并开始编写心理传记，而埃尔姆斯（1994）建议可以向“未出版资料”继续探索，进行更仔细的档案研究或许可以拓宽与深化研究的观点，并发现其他作者无意间忽略的一些小线索。

卡拉（Cara，2007）除将资料分为出版/未出版，尚有他人撰写/目标对象自述、访问亲朋好友及同事，他认为阅读目标对象所自述的文字记录有助于研究者直接了解传主的生命主题或潜在可分析的目标，他人撰写的资料则提供更丰富多样的描述。

笔者认为，自传性的资料可确实提供传主内心世界是如何理解自己的生命故事的。以张爱玲为例，2009 年之前华文文坛对于这位传奇性的女作家已有不少传记、评析，当《小团圆》出版之时，被认为是张爱玲的自传性小说，彻底改写了过往学者对于张爱玲的论点，也引起张慈宜和丁兴祥（2012）以心理传记学的角度研究张爱玲的兴趣。

庞特洛特（2014）认为，部分心理传记学者过于仰赖第三人观点的资料，忽视以更严谨的角度检核传主自述的资料，他认为进行资料分析之前应以三角检证法（triangulating）核对所有资料的可用性。因此，笔者将进一步探讨检视资料可信度时应注意的部分。除了广泛性地搜集资料以建构出对传主丰富的理解，任何资料被采用或排除都应注明原因，解释研究者何以下此决定。此外，研究者也要说明资料的局限或参考价值及可能的偏见（du Plessis，2017）。

（三）步骤三：辨识传主的生命脉络，并决定哪些素材可用于心理传记研究

想要理解传主的生命故事，一定要考量到传主所处的社会、文化、历史、宗教脉络，并思索这些背景脉络对于传主生命的影响。希勒（Hiller，2011）发展出“多层次纵贯图表”（Multilayered chronological charts，MLCC）方法，可以依照时间顺序记载传主的生命故事与历史事件。这样的研究工具有助于研究者在社会文化脉络下看待传主的生命经验。

笔者认为，这样的理解是至关重要的。以清末民初的女性为例，除了经历长期战乱与颠沛流离的磨难，还要面对五四运动之后“婚姻自由”新思潮所引发的离婚。传统妇人认为没有犯“七出”之罪不会被休妻，然而丈夫却以“没有爱情”作为离婚的原因。历史的动荡（民国建立）不仅带来新的政权，封建体制下的婚姻观也受到极大的挑战，当新、旧价值观相互对立冲撞时，个人生命的意义与定位产生了剧烈的转变，中国史上被迫离婚的第一人，徐志摩的元配张幼仪即为代表（刘素凤、赖诚斌、丁兴祥，2016）。

（四）步骤四：适配的心理学理论

回顾心理传记学研究于20世纪早期选择理论的模式，大抵采取单一理论为主轴（精神分析取向或者精神动力观点），然而随着此领域著述渐增以及应用心理领域的长足发展，倘若于心理传记学研究中仅依赖单一性理论可能致使研究有所受限（Schultz，2005c，2011）。以台湾地区的研究为例（张继元、丁兴祥，2012），则逐渐形成一种互为主体（inter-subjectivity）的研究模式（郑剑虹、黄希庭，2013），强调要融入研究者的生命故事，以达到主客交融、视域融合。随着研究模式的演进，多元理论与个别心理传记学研究之间的适配性，尤为重要。

埃尔姆斯（2005b）认为，理论选择并非径直的，而为知识、技巧、创造性直觉的结合，据此，埃尔姆斯提出了几条选择理论的策略：第一，用研究对象所创立的理论来研究其本人。例如用艾瑞克森的理论去研究艾瑞克森；第二，寻找某种特别强调研究对象最渴望活动、目标或是令传主特别愤怒、回避事件的理论。例如研究的男性对象与女性的关系集中在控制上，则可以参考关于权力动机的理论；第三，途中要随时准备更换理论。对更换理论保持开放的态度，将会比坚持某一理论为中心的做法更可能做到满意的心理传记研究；第四，让别人的错误理论来鼓励、启发你的研究。心理传记学是需要反覆验证的领域，它建立在他人作品之上，有时是补充或拓展其他学者对某人物的研究和解释，有时则是过去某学者在选择理论上的错误，现在可引以为戒，从某个新视角切入。且复杂的生命需要不同的理论来对应不同的脉络与范围，因此保有对于多元理论的开放将会是最有益的（Cara，2007）。选择理论并且加以适用，务必留意其是否精确与严谨，根据庞特洛特（2014）之观点，当代心理传记学家倡导以严谨的史学方法建立具有实证效度的人格理论；此外，采行具备文化脉络的史学研究方法亦至关重要，故欲选择适用的理论前，宜审慎留意传主所处之时代、文化、人生阶段等议题。

以刘素凤等人（2016）对张幼仪的心理传记研究为例，其运用吉利根（Gilligan，1993）之女性自我独立的发展历程理论，描述张幼仪生命前期的故事处于第二阶段“自我牺牲是好女人的表现”（goodness as self-sacrifice），总是将丈夫放在第一位，自己委曲求全，直至经历丈夫的抛弃，张幼仪感受到前所未有的痛苦，开始学习照顾自己的需要并重新认定自我价值，逐渐过渡到下一阶段“追求真实”，照顾他人的同时，也学习照顾自己，使用理论留意到传主之性别、身份、人生阶段等议题。

根据学者杜·普莱西斯（2017）的观点，将选择理论考量的层面加以汇整，大抵可以区分为如表二：

表二　理论选择之考量层面

考量层面	说明
总体理论 vs. 特定解释	总体理论适用于广泛层面的人类活动，特定解释则聚焦于特定层面的活动上，如艺术创作、宗教信仰
发展理论 vs. 人格理论	究竟是否采行发展理论往往取决于传主生命中发展性信息取得与否，倘若无法取得传主儿童期的资料，则可采行精神动力取向论点以因应之。相较之下，即使人格理论无法全然解释特定形式功能如何发展，但往往适用于解释成年期的功能
病理的 vs. 正向的	一个理论究竟能够探索传主心理功能中不愉快（unpleasant）的层面到何种程度，是为该理论的效能
理论的实证效度	当前趋势为逐渐重视实证效度并且朝向系统性的架构发展，如大五理论、依附理论（Ponterotto，2015c；Schultz，2014）

资料来源：作者自行整理。

(五) 步骤五：由资料来揭露其自身

传主的资料往往甚为庞杂，如何运用如亚历山大（Alexander）、舒尔茨、汤姆金（Tomkins）等人所提出的标准（criteria）并且注记（marker）不同向度的资料，以利心理学分析的使用是极其重要的。

心理线索提取方法包括（但不限于）亚历山大的“心理凸显性”指标（principal identifiers of salience）、舒尔茨的“原型情景”（prototypical scene）、汤姆金的“脚本类型”，分述如下（见表三）：

表三 心理线索提取方法

心理凸显性	原型情景	脚本类型
1. 特定的重复	1. 清晰、具体	1. 情感控制与管理
2. 初始性内容	2. 贯通（渗透）	2. 掌控重要情感情景
3. 刻意强调	3. 发展性危机	3. 矛盾情景、抵抗净化
4. 孤立的内容	4. 家庭冲突	4. 强调纯粹负面情景
5. 独特	5. 拒绝接受现状	5. 表现意识形态
6. 未完成		6. 承诺及正向情绪增强
7. 错误、扭曲、遗漏		7. 被排斥、威胁、反对
8. 无理由的否认		8. 理想化的情绪调节

资料来源：王世明（2016）. 历史人物人格主要研究方法评析. 科技视界（11），123—124。

陈祥美（2014）运用舒尔茨“原型情景”作为提取林语堂生命脚本心理线索的方法，该文萃取“二姊嫁衣中的四角钱”作为一“清晰、具体”有强烈情感的原型情景图像，其他关键指标围绕其中。由于语堂父林至诚之薪俸不足以供给所有孩子上大学，便于牺牲其二姊受教权之情形下，将资源保留予林语堂，于此情势，“家庭（资源）的冲突”与“发展性危机”便应运而生，二姊美宫最终只能接受，并将愿景寄托于语堂之上。他认为自己是“取代”二姊读大学，对二姊的内疚所衍生之过度补偿心理，“贯通（甚至渗透了）”其生平，依此成就“读书成名”的生命脚本。至于收养孤儿金玉华，竟未先与妻子商量便贸然决定之风波，若能转变金玉华的命运，或许也就在心理上拯救了当年的二姊，即为原型情景中“拒绝接受现状”之标帜。此外，与恋人陈锦端间的情愫，碍于陈父之阻挠，无法遂愿成婚，迫于与现实妥协并另寻出路，出国深造，犹可视为一种“发展性危机”。

笔者认为此一步骤借由心理线索（心理凸显性、原型情景、脚本类型等）作为提取研究方法中的指标，对于素材中的事件与情景加以鉴别并进行归纳具有极大的助益，即使可能导致少数重要资料因为个别理论的限制而误判，然而以衡平观点而论，采行心理线索提取方法虽可能因研究者个别之判定而舍弃某些线索，却能促使心理分析更具循迹性，于检证时亦得以依循特定标准与脉络来加以判读，能够有效地提升研究效率。

（六）步骤六：对于传主的资料探问相关的特定问题

鲁尼恩（2005b）对于梵高所做的心理传记学研究即采行了如此步骤，他对于梵高生命中的特定事件进行调查，并以该事件作为心理分析的开端。

杜·普莱西斯（2017）认为，特定问题的提出，与所采行的心理学理论亦有所关联，基于所采行的解释典范，将会使传主某些层面的资料更加贴近于与之相关的解释。

笔者认为，对于传主资料探问相关的特定问题仍必须留心于研究者与传主之间的关系，避免研究者受到自我预设立场的限制，埃尔姆斯（1994，2005b）提出，研究者对于传主应维持平衡的立场，不可过度崇拜或者厌恶。倘若研究者因一己好恶而有所预设，对于研究价值可能产生负面影响，亦即可能出现某种先设定好问题，再循既定方向探询答案的模式。

以乾隆皇帝出生地之谜团（蒲东华，2012）为例，乾隆帝于《新正雍和宫瞻礼》一诗有“忆亲唯念我初生”之句，嘉庆帝于《万万寿节率王公大臣等行庆贺礼恭纪》诗中之注释则提及“敬惟皇父以辛卯岁，诞生于山庄都福之庭”。从资料的汇整与比对中，可发掘诸多诗文所载乾隆出生之地并非众口一致，除了出生地谜团的表征问题外，传主自身表述与继位者、臣下所记述之出入，似可导引研究者对于传主资料再深入探问其他相关问题，依笔者之见，万万寿节之祝寿诗理应呈乾隆帝御览，唯乾隆帝对该出生地之表述却未曾有所异议，亦由资料本身浮现出相应的其他问题。

此外，笔者认为对于传主资料进行多元角度的提问亦是极其重要的，先决的要件除了必须具备较为完整的第一手、第二手资料外，还必须审慎留意研究者自身的限制（包括史观与信仰等），而杜·普莱西斯（2017）亦提出重视对话（conversation）经验的观点，借由生命叙说来产生新的洞察，进而以不同的角度来对资料进行探问。

（七）步骤七：开发编码策略、进行编码

在质性研究中，编码策略是资料分析的核心，而决定编码的内容与方式基本上决定了最后结论的本质（Miles et al.，2014），心理传记研究也不例外。为资料进行编码的重点在于以不同的方式去安排资料，让那些对于心理传记研究有用的观点与资料面向能够浮现出来（du Plessis，2017）。沈楠和尹可丽（2017）对于诗人学者闻一多的研究为例，研究者为搜集而来的相关文献进行编码与分类，并辅以运用人格形容词表，对资料进行内容分析。

此篇介绍之研究程序中的步骤五至七皆涉及重新编排资料，借此有机会让资料的各种不同面向得以浮现。也因此，在过程中通常不会只使用一种编码策略，而是多种策略并行。纵使不同的编码设计执行下来可能十分耗时、乏味，

但这么做也十分有助于让有关心理面向的、有意义的信息与内容冒出来，作为后续研究过程的重要材料。

（八）步骤八：选择呈现样式

在资料沉淀阶段过后，进入资料展示阶段。接下来要决定呈现原始资料的最佳方式为何，并且有利于做资料的分析。根据研究者各自编码的方式有所不同，而会有各式各样的资料呈现方式，且是越多元越好。

除了一般用文字叙述的方式呈现所搜集到的资料，也可以结合图表的运用做汇整（Miles et al.，2014），例如庞特洛特和雷诺兹（Ponterotto & Reynolds，2013b）即利用前述希勒（2011）的“多层次纵贯图表”（MLCC）方法，透过九大关键主题、横跨五个发展阶段，清楚描绘出前世界西洋棋大赛冠军鲍比·费舍尔（Bobby Fisher）的生命故事。沈楠和尹可丽（2017）依据汇整的人格形容词统计资料，利用时间轴图表呈现出闻一多一生当中不同时期的人格，此外更区分为不同时期均出现的人格以及不同时期当中的独特人格，借此讨论传主的人格发展。苹果计算机灵魂人物史蒂夫·乔布斯（Steve Jobs）的心理传记学研究中，福歇、杜·普莱西斯和范·尼克尔克（Fouché，du Plessis & Van Niekerk，2017）更透过矩阵图的陈列形式，以乔布斯的社会历史脉络为纵轴，分为六个生命阶段，并以莱文森（Levinson）心理社会发展理论为横轴，区分为四个发展时期，综观乔布斯的一生。

不论是用时间轴的方式排序，或是只把较为凸显的议题呈现出来，资料呈现的核心，在于让研究中有关心理面向的资料能以最适切的方式展现出来，让后续的研究分析达事半功倍之效。

（九）步骤九：结合资料与呈现样式

在选好资料呈现的形式后，把先前步骤中编码过后的资料结合进去。这么做不只是单纯为资料做总结，重要的是能在资料经过融会贯通之后，呈现出核心面向之所在，之后才得以从心理学的观点，去诠释传主的史实或是其他材料。举例而言，在清初名臣陈瓒的生命故事研究当中，陈发钊和郑剑虹（2011）灵活运用图表，精简、清楚呈现关于传主之多种面向的资料，诸如陈瓒任职期间生活清苦事例、陈瓒任职期间应得的收入、历史对陈瓒的评价、陈瓒对仕途的担忧，以及结合理论后汇整之陈瓒清廉的心理动力源等，十分有助于读者对传主故事的理解。

杜·普莱西斯不忘提醒，研究者可以回头参考于步骤六时，对资料所提出的问题或疑问，确保资料呈现的结构能切合到一篇心理传记研究所关注与感兴趣的地方。另外，有别于准司法程序的概念、准则性质，步骤七至步骤九针对研究时搜集而来的资料所罗列的操作指引，更增加了逐步法的实务参考价值。

（十）步骤十：撰写心理传记

在全然理想的美好情境下，心理传记的撰写只有在资料完全、彻底地经过统整与分析过后才进行；但实际上，撰写的过程是一个循环、不断来回的历程，运用的资料通常会经过再阅读、再思考、再检视，甚至是另做诠释，有时可能还需要继续搜集更多的材料，予以佐证或补充。因此把撰写心理传记的步骤列于此的用意是为了要强调，正式撰写应于做好足够且扎实的资料搜集、统整、编码、分析等研究前置作业（groundwork）之后再行开始。

以程序而言，心理传记研究的撰写过程是循环式的进行，而非能够完全按照顺序的。那么内容方面呢？心理传记的探讨形式包含以下：

1. 顺时（依时间先后顺序）讨论（chronological discussions）：通常用在发展性理论的探讨。例如，萧延中（2014）以相关重大历史与政治事件的时间先后顺序，透视这些事件的意涵，对毛泽东在其领袖意志背后对于死亡意识的关注与焦虑。

2. 核心主题式讨论（discussions surrounding core themes）：通常用在探讨特定问题（specific question）；针对某一疑问详加探讨。在陈发钊和郑剑虹（2014）对于陈瓌的心理传记研究中，借由郑剑虹提出之创新概念"悬念性问题"（郑剑虹，2012；舒跃育，2019）贯穿全文，探索陈瓌清廉卓绝的原因、能保有如此操守的心理动力为何，而这样的心理动力又从何而来等。另外，王婉贞和谷传华（2016）亦透过心理传记研究，一探莫言走上文学创作之路以及创作的动机。

3. 聚焦于重大心理事件/议题的讨论：通常用在探讨人格中的核心冲突。何梦君和阎平（2017）即以胡兰成人格中的矛盾性格为切入点，剖析其反叛与规矩、深情与无情、真实与虚假、功利与淡泊，解读传主的生命故事，并且探讨如此性格形成的缘由。

心理传记的撰写过程兼具艺术性与科学性（Schultz，2005a，2005c）。一篇心理传记的质量奠基于资料搜集、统整与分析的质量，而最后的呈现更是有赖扎实、精确、严谨的前置作业，如此一来除了艺术性、文学性与创造性，亦顾及研究的科学性。

（十一）步骤十一：针对一开始想要了解的特定问题修改内容

在正式撰写开始之后，研究者在过程中应基于前述的研究目标进行评估，检视是否有偏离待答问题或偏离主题之情形，确保心理传记研究在内容上的一致性。研究者在迷失方向时，也可以停下来想一想："以这位传主待回答的问题而言，这篇心理传记研究是否能够回答？"以诸葛亮的心理传记研究为例，舒跃育（2014）从心理学的角度去分析诸葛亮的人格特征以外，特别针对传主如何从普通的山野之民一步步走向历史神坛，以及尝试在传主的成长轨迹中找到解释其成功的必然因素等，聚焦于传主的待答问题上，有助于传主生命故事的刻画。行文至此，可以发现步骤六与步骤十一皆聚焦于传主的特定问题之上，可见在逐步法中，有关传主的疑问是为研究的重心，而此点在准司法程序中较不突出。

另外，最后的做出结论与验证阶段，撰写人（研究者）需再次检视自身对于传主的感受，并且深入去了解这些感受是否影响最后为传主所做的结论。

（十二）步骤十二：评估研究过程

相较于准司法程序，强调对于研究者的证据、资料、提出的解释与生命故事的叙说，较针对研究的内容进行批判性的检验与评估，在逐步法中，特别将对于整体研究过程的评估作为一个步骤，显示出杜·普莱西斯对研究者反思自身研究过程的重视。心理传记作为一种研究方式，可以如何去衡量其优劣呢？众多学者纷纷提出心理传记的评估守则，举凡鲁尼恩（1988，2005a，2005b）、舒尔茨（2005a，2005b）、亚历山大（1988，1990）、埃尔姆斯（1988，2005a，2005b）、庞特洛特（2010，2014）、福歇（1999）以及内尔（Nel，2013）等人。由于一一列出过于冗长，故不在此赘述，这些守则大致包含：

1. 了解到心理传记研究的限制；
2. 清楚描述化约资料（data reduction）的方式；
3. 了解到可能的偏见并且采取行动减低这些偏见；
4. 关注到跨文化的议题；
5. 避免化约主义（reductionism）。

质量好的心理传记研究比比皆是，加上其科学性与艺术性兼具的独特性质，心理传记研究的展现与风格应有尽有，但并不代表能完全任由研究者任意捏造、凭空想象、断章取义。以下试举舒尔茨（2005b）的劣质心理传记研究指标，避免落入陷阱。

1. 沦为病情记录：撰写内容单纯仰赖病理上的症状诊断，或是把传主直接做病理学上的分类，忽略一个人的整体性与复杂性。

2. 仰赖单一线索：过于仰赖单一线索进行诠释。诠释的参考依据最好能来自于丰富的资料，或是在自传记录中能相互印证、有关联（环环相扣）的材料为根基为佳。

3. 不当重建（reconstruction）：在没有实质依据的情况下不当推衍或杜撰事件。例如在没有明确证据或经验证的资料之下，自行还原传主的童年时期或早年场景。

4. 化约主义（reductionism）：把传主成年过后的性格或行为只从早年经验来解释，忽视生命早年之后的成长、转变以及其他可能的影响因素。童年经验不可否认地是形塑一个人日后性格的关键因素之一，但绝不会是唯一因素。

5. 选择的理论不适切：研究中用以诠释的理论缺乏可信度或实征研究支持。

6. 论述结构不佳：心理传记的内容呈现或分析不恰当，例如在证据都还没陈述之前就先下结论。

四、应用与限制

杜·普莱西斯提出的逐步法，距离鲁尼恩的准司法程序已隔 30 年之久，在经过半个甲子的演进之后，这个融合了质性资料分析法的研究方法似乎更侧重于实务的操作层面（见表四）。而杜·普莱西斯亦提供了自身对于逐步法在应用与限制两方面的见解，应用部分包含研究过程去神秘化、新手可依循的起点、确保程序上的公平性，而限制部分包含易流于制式化操作、过于简化研究历程等。以下将分项阐述。

表四 鲁尼恩（1988）与杜·普莱西斯（2017）方法之比较

		鲁尼恩（1988）	杜·普莱西斯（2017）
相同处	A. 评估资料可用性 B. 评估传主社会文化脉络 C. 选择适配心理学理论		
相异处	架构	结构、要点、核心	具体顺序性
	心理线索提取方法	未提及	原型情景；凸显性指标
	资料汇整、编码、分析	未提及	较清楚的执行指引与建议
	资料呈现方式	无特别说明 （以文字叙述为主）	鼓励多元方式 （如图表、时间轴……）
	验证的概念	批判性加上证伪 （逆测的检验）	批判性
	资料运用	无特别说明	更加严谨，交互运用
	评估研究过程	未提及	研究者对自身研究过程的省思

资料来源：作者自行整理。

（一）应用

1. 研究过程去神秘化

虽然有越来越多人投入心理传记学的研究，但相较于一些主流的质性研究方法，例如诠释现象学分析法（Interpretative Phenomenological Analysis，IPA）或主题内容分析法，心理传记研究依然尚属小众。借由杜·普莱西斯提供之上述步骤化、结构性的流程，或许能让心理传记学这种研究方式，在主流心理学研究领域当中得以受到更多认可与重视。而明确的研究步骤亦能“去神秘化”（demystify），增加研究的严谨性与透明度。

2. 新手可依循的起点

对于初次接触心理传记学的研究新手而言，由于还不了解心理传记学富有艺术与创造性的特质，经常使得新手与有经验的研究者之间的研究质量与程度落差甚巨。步骤化的方法给予新手们一个起步，提供较为明确与具体的结构可以依循，之后随着研究新手们逐渐熟悉研究的性质与进行方式，他们可以从中发展、摸索出一套自己的研究方式与技巧。

3. 确保程序上的公平性

一些心理传记研究中，除了单纯探讨一位传主，研究多位传主的亦为数不少（Isaacson，2005），认为同时研究传主的重要他人与生命当中的重要关系，经过比较、分析，能为传主带来更深刻的见解与诠释。而步骤化、结构性的研究步骤，可以确保研究者依循相同的流程对不同传主进行研究，有助于此类（多位传主）研究形式的日后发展。

（二）限制

1. 易流于制式化操作

如此步骤化、具结构性的流程虽然更增添了科学性，但此方法的风险之一，在于研究者可能会过于机械化、制式化地照着步骤的先后顺序进行研究，与心理传记学富创造性与生命力的性质背道而驰。有鉴于此，杜·普莱西斯建议这类步骤化的流程较适合给还未有心理传记学研究经验的新手参考，在日后逐渐累积经验后，研究者们在创意上应能找到并发展出属于自己的风格。

2. 过于简化研究历程

上述流程中的步骤主要提供的是简要守则，虽然没有特别列点提到伦理议题与反身性（reflexivity），但并不代表研究过程中不需要留意两者的重要性。另外，碍于步骤性方法的简明特质，很容易让人误以为研究只要按照步骤与顺序进行方能完成；事实上是一个循环式的、不断来回检视的历程。杜・普莱西斯亦强调，流程中所列举之步骤仅是些重要步骤的进行原则，而不是要完全遵照的铁则。

五、结语

（一）从质性研究中找到逐步法的灵感

心理传记学与质性研究对于“生命故事”同样有着高度的热忱，关注于生命的“经验”：永远是前一刻发生的，因为当人反身观看、思考、叙说时，那样的经验已经从时间轴线上溜过去了（Heidegger，1927/2002）。对于生命经验进行探究的质性研究中，被广为采用的研究方法为“叙述访谈”（narrative interview），于研究者情境安排的设计下，受访者得以用自我意志来建构经验的意义。而心理传记学研究中，则由研究者搜集、罗列、汇整传主的生命史料，自素材中挑选具有心理分析意义的片段。

至于资料分析的部分，大抵可以将质性研究复杂的分析过程简化为四个基本元素：编码（code）、分类（categories）、形态（patterns）和主题（themes）。

可以借由资料分析来发现新线索、为读者分类讯息，并且根据文献及理论观点来进行诠释。在杜·普莱西斯于心理传记学领域所操作的逐步法中，其强调效标（criteria）及注记（marker）的重要性，采用“心理线索提取方法”（本文以舒尔茨的原型情景为例）来提取具有心理意义的片段，再选择适配的心理学理论适用于分析历程中。两种领域的研究，实际上皆采用了分类的方式化约资料，以期主题能够借由资料本身来逐步地浮现，此外，由于心理传记学领域涉及人格心理学、发展心理学、社会心理学等向度，故将更严谨地选择分析资料时所需采用的理论。

论及质性研究的受访者/叙说者与心理传记学研究的传主，研究者所需考量的层面亦有所不同，关注于生命故事的质性研究中，以研究者所关注的“经验”为依归，故受访者/叙说者的背景可能极其多元，也得以于当下的时空中，获取更多的反馈。心理传记学选择所欲研究的传主，则往往须有更多层面的考量，包含传主于人类文明中的影响力、其生命史资料取得的可能性、与研究者间是否存在文化上难以消弭的鸿沟，以及此研究对于传主遗族的影响等，皆宜审慎地加以评估；且心理传记学除了对于传主心理人格的特则加以关注外，于同时研究复数传主的情形下，亦关注于通则的部分，借由汇整传主之间共通的属性（例如同为作曲家、皆有儿时创伤经验等），或许可以促使隐性线索的浮现。

（二）与准司法程序参照比对，呈现逐步法的核心概念

本文聚焦于心理传记学研究方法之操作步骤，故以杜·普莱西斯新近所提之逐步法为例，试图探究具体步骤的实施，于研究传主的历程中所能产生的助益以及运用层面上可能产生的限制；本文并以鲁尼恩（1988）所提之准司法程序（Quasi-Judicial）交互参照，此两者皆具有清楚的操作步骤与架构，准司

法程序强调了辩证思维，相较于今日，可以遥想其时空背景下，知识与信息的取得远不如今日便利，故对于权威性（或既有俗成）之观点持批判性思考，尤为关键。

另，本文所介绍的逐步法，于准司法程序三十多年之后在信息爆炸的时代，心理传记的研究者借由网际网络，便可掌握诸多素材与知识，如何自大量信息中萃取出研究者所欲关注的精华，实为当代心理传记学研究中至关重要的课题；逐步法着重者于具体步骤的操作，包含对史料的挑选、如何撷取具有心理意义的片段、编码策略、新型态呈现方式等皆有所着墨，系聚焦于研究操作步骤中的细节层面以及历程中或可加以运用的多元策略。

其次，本文文末，将逐步法的核心理念汇整如下：

杜·普莱西斯借由将质性研究中的普遍性原则以及心理传记学研究中的特定守则加以汇整后，提出了逐步法。于实际操作中，各步骤很可能反覆实施或者以不同的次序呈现。基本上，逐步法的提出，系以三项当今心理传记学的研究指引守则为基础，包含：

1. 能够于遵守研究伦理的前提下，选择合理的“心理线索提取方法”来萃取传主生命史中，具有心理研究价值的素材。心理线索的提取方法系于传记资料中采用一系列指标来辨识出具有心理研究价值的素材，能够有效地促进资料化约以及资料运用。

2. 借由逐步式的研究方法来建构心理传记学的研究。埃尔姆斯（1994）曾经提出以一系列步骤来建构心理传记学研究方法的形式；这些具体的研究步骤，得以应对研究实务中各个特定层面与环节，并且将心理传记学的研究方法以简单、结构化的方式来加以呈现。

3. 研究方法的提出，能够有效地辨识出研究历程中所遭遇的困难议题，并且确保心理传记学研究能够有合宜的质量。借由研究方法操作上的严谨性、能够对研究提出凌驾于只有好坏二元观点的主观评论，并且通盘考量所有因素之后，才能够较为全面地评估研究的成效。

心理传记学研究方法犹如一台引领研究者深入探索生命的车辆，于研究者们驾驭车辆的历程中，便会反复思索如何提升车辆之性能，故而随时序推演，车辆便开始搭载更多先进装置（诸如：卫星定位系统、盲点侦测系统等），提供驾驶更多指引与便利性；正如同艾萨克森（Isaacson，2005）所论及，心理传记模型的优点之一是具有灵活性，可以包容多元的理论与分析取向，本质上而言，心理传记学是一种多样化的、不断演进的方法论。而舒跃育（2019）亦论及资料筛选有必要更加精细化，增进研究方法的科学性，足见与时俱进的研究方法操作，无论是对于以人格评析与悬念问题所架构出的研究模式或是以互为主体为主轴的研究模式，都能够于当前质量并重的研究趋势下，提高严谨性与反覆检证的循迹性。然而新兴操作步骤之多方辅助，亦可能导致研究者的主动性减少甚至局限在特定思维的框架之中。笔者以为，方法之表征固以言简意赅的形式呈现，甚至以步骤式的守则加以指引，而其背后所蕴含之学理论述，亦须透彻理解，如此，便能依研究者自身之研究目标与需求，择其合宜之研究方法。

参考文献

丁兴祥，赖诚斌（2001）. 心理传记学的开展与应用：典范与方法. 应用心理研究（12），77—106.

王世明（2016）. 历史人物人格主要研究方法评析. 科技视界（11），123—124.

王婉贞，谷传华（2016）. 莫言为何会走上文学创作之路？——对莫言创作动机的心理传记学分析. 生命叙说与心理传记学（4），105—115.

李文玫（2015）. 相遇与交融：研究者、研究方法与研究参与者互为主体性的开展性历程. 生命叙说与心理传记学（3），25—53.

李文玫（2017）. 走一趟生命文本的反思旅程：从文本解读的观点再看叙说心理研究. 生命叙说与心理传记学（5），1—23.

李振弘（2015）. 当文学遇上心理传记学：一种文学性心理学的探究与认识. 生命叙说与心理传记学（3），103—123.

沈楠，尹可丽（2017）. 闻一多人格发展的心理传记学研究. 生命叙说与心理传记学（5），145—168.

何梦君，阎平（2017）. 胡兰成：一个矛盾复杂的灵魂. 生命叙说与心理传记学（5），169—196.

张旭阳（2016）. 漂泊的灵魂——民国女作家萧红之心理传记学研究（未出版之硕士论文）. 辅仁大学，新北市.

张慈宜，丁兴祥（2012）. 以“疏离”自“惘惘的威胁”中出走：张爱玲的心理传记. 中华辅导与谘商学报（34），19—51.

陈御蓓（2005）. 看孤鸿明灭：张爱玲生命创造之展现（未出版之硕士论文）. 辅仁大学，新北市.

陈祥美（1994）. 梁启超生命梦想的形成与发展：一种心理传记学研究（未出版之硕士论文）. 辅仁大学，新北市.

陈祥美（2014）. 林语堂“读书成名”的生命脚本初探. 生命叙说与心理传记学（2），153—177.

陈发钊，郑剑虹（2014）．陈瑸“清廉卓绝”的心理传记学探索．生命叙说与心理传记学（2），77—96.

舒跃育（2014）．千古一相：诸葛亮生命历程的心理传记分析．生命叙说与心理传记学（2），25—57.

舒跃育（2018）．心理传记学的历史与展望．西北师大学报社会科学版（5），102—109.

舒跃育（2019）．中国心理传记学研究现状与发展趋势——CiteSpace 的知识图谱分析．华中师范大学学报（人文社会科学版），58（4），185—192.

舒跃育，杨玲（2008）．“典型情景”在心理传记资料分析中的应用．北京教育学院学报（自然科学版），3（3），15—19.

蒲东华（2012）．乾隆皇帝出生地之谜至今仍处在迷雾中．地名博览（9），75—76.

刘素凤，赖诚斌，丁兴祥（2016）．从“小脚”中蜕变与重生：张幼仪“做自已”的痛苦追寻．生命叙说与心理传记学（4），151—180.

郑剑虹（2012）．国际心理传记学的发展与中国大陆的研究．首届海峡两岸生命叙说与心理传记学学术研讨会之发表论文．台湾桃园.

郑剑虹，黄希庭（2013）．国际心理传记研究述评．心理科学，36（06），1491—1497.

赖诚斌（1994）．乡下人的战争：沈从文的生命故事（未出版之硕士论文）．辅仁大学，新北市.

罗曲玲（2005）．Carl Rogers 生涯历程之研究：心理传记学取向（未出版之硕士论文）．国立台北教育大学，台北市.

［美］J. H. Kim（2018）．理解叙说探究：以故事的雕琢与分析作为研究（张晓佩、卓秀足译）．台北市：心理．（原著出版于 2016 年）.

［美］W. M. Runyan（2002）．生命史与心理传记学：理论与方法的探索（丁兴祥、张慈宜、赖诚斌等译）．台北：远流．（原著出版于 1982 年）.

［美］W. T. Schultz（主编）（2011）．心理传记学手册（郑剑虹、谷传华、丁兴祥、舒跃育、雷学军等译）．广州：暨南大学出版社．（原著出版于 2005 年）.

Alexander，I. E.（1988）．Personality，Psychological Assessment and Psychobiography.

Journal of Personality, 56 (1), pp. 265 – 294.

Alexander, I. E. (1990). *Personology: Method and Content in Personality Assessment*. Durham, NC: Duke University Press.

Cara, E. (2007). Psychobiography: A Research Method in Search of A Home. *British Journal of Occupational Therapy*, 70 (3), pp. 115 – 151.

Du Plessis, C. (2017). The Method of Psychobiography: Presenting A Step-wise Approach. *Qualitative Research in Psychology*, 14 (2), pp. 216 – 237.

Elms, A. C. (1988). Freud as Leonardo: Why the First Psychobiography Went Wrong. *Journal of Personality*, 56 (1), pp. 19 – 40.

Elms, A. C. (1994). *Uncovering Lives: The Uneasy Alliance of Biography and Psychology*. New York, NY: Oxford University Press.

Elms, A. C. (2005a). If the Glove Fits: The Art of Theoretical Choice in Psychobiography. In W. T. Schultz (Ed.), *Handbook of Psychobiography*. New York, NY: Oxford University Press, pp. 84 – 95.

Elms, A. C. (2005b). Freud as Leonardo: Why The First Psychobiography Went Wrong. In W. T. Schultz (Ed.), *Handbook of Psychobiography*. New York, NY: Oxford University Press, pp. 210 – 222.

Fouché, J. P. (1999). *The Life of Jan Christaan Smuts: A Psychobiographical Study* (Doctoral dissertation). University of Port Elizabeth, Port Elizabeth, South Africa.

Fouché, P., Du Plessis, R. & Van Niekerk, R. (2017). Levinsonian Seasons in the Life of Steve Jobs: A Psychobiographical Case Study. *Indo-Pacific Journal of Phenomenology*, 17 (1), pp. 87 – 104.

Gilligan, C. (1993). *In A Different Voice: Psychological Theory and Women's Development*. Cambridge, MA: Harvard University Press.

Hiller, T. T. (2011). Visualizing the Intersection of the Personal and the Social Context: The Use of Multi-layered Chronological Charts in Biographical Studies. *The Qualitative Report*, 16 (4), pp. 1018 – 1133.

Isaacson, K. (2005). Divide and Multiply: Comparative Theory and Methodology in Multiple Case Psychobiography. In W. T. Schultz (Ed.), *Handbook of Psychobiography*. New York, NY: Oxford University Press, pp. 104 – 111.

Miles, M. B., Huberman, A. M. & Saldaña, J. (2014). *Qualitative Data Analysis: A Methods Sourcebook*, 3rd edn. Los Angeles: Sage Publishing.

Nel, C. (2013). *The Life of Helen Suzman: A Psychobiographical Study* (Doctoral dissertation). University of the Free State, Bloemfontein, South Africa.

Ponterotto, J. G. (2015). Psychobiography in Psychology: Past, Present, and Future. *Journal of Psychology in Africa*, 25 (5), pp. 379 – 389.

Ponterotto, J. G. & Reynolds, J. D. (2013a). The "Genius" and "Madness" of Bobby Fischer: His Life from Three Psychobiographical Lenses. *Review of General Psychology*, 17 (4), pp. 384 – 398.

Ponterotto, J. G. & Reynolds, J. D. (2013b). Bobby Fischer in Socio-cultural Perspective: Application of Hiller's (2011) Multilayer Chronological Chart Methodology. *The Qualitative Report*, 18 (42), pp. 1 – 20.

Ponterotto, J. G., Reynolds, J. D., Morel, S. & Cheung, L. (2015). Psychobiography Training in Psychology in North America: Mapping the Field and Charting a Course. *Europe's Journal of Psychology*, 11 (3), pp. 459 – 475.

Runyan, W. M. (1982). *Life Histories and Psychobiography: Explorations in Theory and Method.* New York, NY: Oxford University Press.

Runyan, W. M. (1988). Progress in Psychobiography. *Journal of Personality*, 56 (1), pp. 295 – 326.

Runyan, W. M. (2005a). Evolving Conceptions of Psychobiography and the Study of Lives: Encounters with Psychoanalysis, Personality Psychology, and Historical Science. In W. T. Schultz (Ed.), *Handbook of Psychobiography*. New York, NY: Oxford University Press, pp. 19 – 41.

Runyan, W. M. (2005b). How to Critically Evaluate Alternative Explanations of Life Events: The Case of Van Gogh's Ear. In W. T. Schultz (Ed.), *Handbook of Psychobiography*. New York,

NY: Oxford University Press, pp. 96 – 103.

Schultz, W. T. (2005a). Introduction. In W. T. Schultz (Ed.), *Handbook of Psychobiography*. New York, NY: Oxford University Press, pp. 3 – 18.

Schultz, W. T. (2005b). How to Strike Psychological Pay Dirt in Biographical Data. In W. T. Schultz (Ed.), *Handbook of Psychobiography*. New York, NY: Oxford University Press, pp. 42 – 63.

Schultz, W. T. (Ed.) (2005c). *Handbook of Psychobiography*. Oxford: Oxford University Press.

Schultz, W. T. & Lawrence, S. (2017). Psychobiography: Theory and Method. *American Psychologist*, 72 (5), pp. 434 – 445.

An Exploration to the Practice of Psychobiographical Research Method—on du Plessis's Step-wise Approach

Cai Nian-yun Yu Bo-xun Wu Chong-hui Chen Xiang-mei

(Institute of Counseling Psychology, Chinese Culture University, Taibei, 11114)

Abstract

Freud's work *Leonardo da Vinci and a Memory of His Childhood* secretly begins the development of psychobiography. As a rising research field of social science, psychobiography combines history and psychology as its core, with aesthetics and cultural context exquisitely blended. Elms, Runyan, Schultz, Ponterotto and many others have proposed general guidelines and criteria for discriminating good and bad psychobiography research. To enhance the quality of production, proper methodology is rather vital, helping researchers achieve the expected criteria in an artistic and scientific fashion, which is the unique characteristic of psychobiography. This article aims to discuss the methodology presented by Runyan (quasi-judicial process) and du Plessis (step-wise approach). Firstly, in Runyan's quasi-judicial process, we discuss the eight steps included individually, along with diagram aside to better elaborate the relations between steps. Secondly, in du Plessis's step-wise approach, the process including twelve steps within four phases will be discussed step by step, containing several aspects such as categorized concepts, theory comparison, practical guidelines and future applications. As a relatively new method, it's not without limitations, which are also detailed in this article. Last but not least, we talk about the dissimilarity between these two methods, from Runyan and du Plessis respectively, through an evolutionary perspective, to reveal the essence of richness and the tendency toward concreteness in psychobiography methodology.

/ Keywords /

Methodology, Psychobiography, Quasi-judicial process, Step-wise approach

熊十力生涯变迁的心理传记学研究

丁 雪 王 鹏*

（山东师范大学心理学院，济南，250358）

/ 摘 要 /

本文采用心理传记学方法，对一代大儒熊十力的生涯进行研究。研究采用纵向生活史视角，阐述了熊十力生涯变迁情况和生涯发展中生涯信念、早期生涯能力储备、自我同一性形成以及三大重要转折期的形成原因。总的来说，国家局势在很大程度上影响了熊十力的生涯变迁，幼时浸润其中的儒家思想以及爱国英雄形象搭建起熊十力最根本的价值观，加之熊十力一生对父亲的强烈认同作用，使熊十力在实践中始终以“报国”为己任，在时局推动下不断探索救国之路，最终确认无依无傍、孤往独行的学术之路。

/ 关键词 /

熊十力，生涯，心理传记学

* 通讯作者：王鹏，教授，E-mail: pengsdnu@163. com

一、引言

熊十力（1885—1968），原名继智、升恒、定中，号子真、逸翁。中年学佛，改名“十力”。熊十力是我国20世纪最具原创性的哲学思想家之一，也是一位特立独行、无所依傍的学术怪杰。（丁为祥，1999）在近现代众多哲学家中，熊十力是唯一一位没有经历过正规学堂教育、纯靠自学成才的当代大家。他出身低微，却志存高远；他不拘小节，却思维缜密；他身处“文化圈”，却“野人气”十足。他知识渊博、功底深厚，却对人情世故一无所知。早年熊十力出身黄冈农村，父母早亡，熊十力由兄长代为抚养，兄长务农，熊十力为人放牛以维持生计。青年熊十力投武昌新军当兵，投身反清革命。革命失败后，他进入南京内学院学佛，从此走上学术救国之路。在南京苦学两年后与北大结缘，开始了国内抗战背景下孤往的学术求索。1968年，熊十力在“文革”期间因病逝世。熊十力一生著述不断、笔耕不缀，是“后五四时期”现代新儒学的哲学奠基人，为后世留下了大量宝贵的精神财富，为我国传统文化的继承与创新，做出了不可磨灭的贡献。

当前学界对熊十力的研究多停留在学术思想、哲学体系的探讨上，且对熊十力学术思想的研究基本上停留在解说阶段，鲜有研究站在一个较为宏观的视角对熊十力哲学体系进行对话式探讨（李祥俊，2013）；值得注意的是，熊十力并不是学院派的普通学者，他的哲学体系建构在真实的生命性格之上，是由生命存在或原始的心来展现文化、学问，并发展出独具特色的哲学体系（曾海龙，2017）。所以，懂得了熊十力的生涯，也就理解了熊十力深奥而独特的哲学体系背后的深刻内涵。本文采用心理传记学研究方法，从纵向生活史角度对一代大儒熊十力的生涯进行心理传记学探索。

在对传主进行心理传记研究时本文采用舒尔茨（Schultz，2011）的模式：

“首先呈现扣人心悬的悬念性问题，以此来引发读者对悬疑性问题的探究。接下来回到传主的资料中，运用资料给出合理的解释，将传主一生的心理、行为完美结合起来。最后揭示谜底并将传主的心理传记故事以完美的方式组织起来。”经上文可知，作为一位功底深厚、创造力无限的新儒学大家，熊十力偏偏是一位没有接受过正式教育、特立独行、行为作风与文化圈格格不入的人。熊十力为什么会走上哲学研究的道路？在“专志学术”之路上发生了哪些关键的人生转折事件？熊十力做出如此选择的背后原因究竟在哪？

二、研究方法

本文采用普莱西斯（Plessis，2017）提出的心理传记学 12 步研究法，12 步研究法是建立在现有心理传记学研究实践的基础上给出的一个更加结构化的逐级模型，使本文的复杂的研究过程在一定程度上偏向线性和结构化。

（一）资料收集阶段

第一步：选择传主。

本文在选择传主熊十力时，重视熊十力本人的历史重要性。熊十力具备相当数量资料收集的条件。对熊十力的研究工作有利于同类型传主的研究与理解。

第二步：收集资料。

本文选用的资料有：熊十力的自述、信件以及哲学著作，如《先世述要》《十力语要初续》等；他人对熊十力的评价作品，如《熊十力评传》《天地间一个读书人——熊十力传》等，综合性学术著作《熊十力全集》也是本文重点参考的资料。

第三步：理清传主生活背景。

本人需要决定哪些背景能够用于对熊十力研究主题的分析。这些背景包括社会政治、当地传统，历史条件和文化背景。一旦背景被认同，就会从中得到充足的信息，这些信息汇集在一起影响着熊十力的生活。

第四步：选择合适的心理学理论。

选择理论时应遵循“手套”原则（Schultz，2011），即心理学理论对传主熊十力的生命的贴合度越高，则该理论选择越恰当。埃尔姆斯（Elms，2005）认为，没有哪个单一的理论能完美的剖析出传主全部的人格，心理传记学的理论选择更像是知识、技术和创造性知觉三者结合的艺术性过程。他提出四条理论选择策略：（1）以传主本人创立的主要理论去研究他；（2）关注那些一贯而强烈地引起传主反应的事件，从这些事件中寻找合适的理论。（3）在资料整理汇总过程保持开放性，随时准备更换更合适的理论；（4）树立心理传记学需要重复验证研究的观念，注意吸取前人对传主研究的不足。本研究在宏观理论上选用萨柏（Super）的生涯发展阶段理论（Super，1980）。通过该理论的独特视角，能够相对较合理地为传主的生涯进行阶段划分，便于从整体视角分层分部地研究传主的生涯；也能相对较完善地窥测出传主在每一阶段生涯发展中的实际发展状况，从而了解生涯发展前后的内在联系。

（二）资料处理与分析阶段

第五步：选择主题及范围。

本文对熊十力的心理传记学研究确定在生涯领域。这样做可以在相当程度上缩减庞大的资料处理的工作量，使本人不至于迷失在文本资料的海洋。一般而言，研究者选择的主题及范围要与传主的生活密切相关。

第六步：资料抓取不失真。

对熊十力进行分析需要把原来的材料打乱，然后依据心理模型的结构重新编排。在这个过程中，隔离式分析很容易造成与周围事件不匹配的问题。

第七步：重视编码策略。

此处需遵循三个原则：心理分析的显著性；对焦目标问题；主题编码简略化。本文采用亚历山大（Alexander）的“心理凸显性基本指标”和舒尔茨的“原型场景关键指标”这两种策略，以整理传记资料和找出这些资料中具有特别明显的以及具有心理意义的地方（Schultz，2011）。就亚历山大的“心理凸显性基本指标”而言，本文主要使用了重复指标，如熊十力反复说明青年革命经历的错误尝试，求“为己之学”的根本目的等；开篇处指标，如说明自己年少对人生的思考和顿悟；否定、遗漏指标，如对佛学“缘起性空、涅槃寂静”等出世理念的一再贬斥，在对童年的回忆中父亲影响极深，而基本没有谈及母亲对自己的影响，也没有阐述自己对于家庭、子女的责任。就舒尔茨的“原型场景关键指标”而言，清晰、具体且具有较强的感情色彩指标，如熊十力发出“人生乃如是耶?”的感慨，怆然欲泣的情感体验，伴随天朗气清的生动细节记忆；渗透性指标，如熊十力在不同阶段和情景下皆不断展现出的自负和果敢行为；情感失调指标，如熊十力对王汉等好友牺牲的悲痛和对辛亥革命后政权腐败的唾骂。

（三）资料呈现阶段

第八步：选择展示形式。

本文除了使用常规文字表述外，还采用了多层年代表（见附录）作为研究结果表达的辅助手段。

第九步：整合材料。

整合材料，注意资料的多维度使用与呈现。

（四）撰写与总结阶段

第十步：撰写心理传记。

第十一步：检阅与修订心理传记，核查研究生涯主题与编码证据的对应性。

第十二步：评估研究过程。

三、研究结果与讨论

根据熊十力本人的生涯变迁特点，将熊十力的生命经历划分为三个时期：熊十力幼年至从军前；熊十力从事革命行动时期；熊十力专研学术时期。本文将萨柏生涯发展阶段理论作为主要心理学理论嵌入到熊十力的整个生涯历程中，以便于更好地观察熊十力生涯发展的宏观趋势。

（一）熊十力幼年至从军前（1—16 岁；1885—1900）

1. 熊十力“反压迫，强家国”志学信念形成

（1）熊父离世

熊父的死是由于常年积劳成疾而染上的肺结核病，但“房产诬告”事件加速了熊父的死亡。熊家二房状告熊家三房即熊父侵占民宅，并通过“地头蛇”向县官行贿，县官受贿出了黑案。熊父被逼无奈，将房子抵押，其欠款尽数交于熊家二房。自此熊十力家的经济完全崩溃，熊父含恨而殁，不久母亲随夫而去。熊十力时年十二三岁，父母双亡。（叶贤恩，2010）熊十力自小就喜爱听父亲讲爱国悲壮故事，有反叛意识萌芽。父亲去世更是成为关键事件，

使熊十力的申正义、反压迫思想更加强烈。

熊父临终之时熊十力对父起誓："儿无论如何，当敬崇大人志事，不敢废学。"熊父留下遗言："穷于财，可以死吾之身，不能挫吾之精神与意志。"（熊十力，2001）熊十力在半个世纪之后，还追忆说"余小子终不敢怠学，盖终身不忍忘此誓言也。"（熊十力，2001）

（2）儒家入世思想深入骨髓

熊父学承程朱理学，因此无论是启蒙时期，还是跟着父亲去私塾旁听的一年，接受的都是儒家思想。熊父去世之后，熊的兄长不愿熊十力就此废学，领着他拜到熊父生前好友何圣木先生门下，何先生喜其聪慧，遂免学费。这位何先生曾对熊十力讲："令先德其相先生，尝欲推尊孙（荀）氏与孟子并，以见儒学之大，惜未发其意而促。"（熊十力，2001）可见熊十力倾尽毕生心血创立"新唯识学"，归佛入儒，受父亲很大的影响。熊在田里野惯了，不耐塾堂约束，"从游半年，屡受斥责"（熊十力，2001），只在那儿受了半年旧学教育。其后复归"耕读"模式。熊自小受儒家学说熏习，儒家崇尚"入世""家国天下"思想深深嵌入熊的骨血之中，他经常把范仲淹"先天下之忧而忧"当作自己的座右铭。（郭齐勇，2013）

（3）书籍影响

黄冈县的文化名人特别多，对于国事民情的探讨已形成一股良风，清末的反清志士尤多。熊经常从当地一位举人那里阅读有关西方科学常识或是社会政治风尚之类的书，熊与其好友经常探讨国事，常有覆清之志。（郭齐勇，2013）

邻县有某孝廉上公车，每购新书回里，如《格志启蒙》之类，余借读，深感兴趣。旋阅当时维新派论文与奏章，知世变日剧，遂以范文正"先天下之忧而忧"一语，书置座右。稍读船山、亭林诸老先生书，已有革命之志（熊十力，2018）。

（4）战火乱世之中保卫国家的国民意志

19世纪末20世纪初，清政府统治下的中国被帝国主义列强不断地欺凌践踏。从外看，“俄罗斯，自北方，包我三面；英吉利，假通商，毒计中藏；法兰西，占广州，窥伺黔桂；德意志，胶州领，虎视东方；新日本，取台湾，再图福建；美利坚，也想要，割土分疆”（刘晴波、彭国兴，2008）。从内看，清朝以慈禧为首的统治者卖国求荣，奴颜婢膝。政府贪污腐败，迂腐落后。自1895年甲午战争失败，中日《马关条约》签订，全国人民强烈反对。康有为联合一千三百多名举人“公车上书”，这其中就包括熊十力的好友何举人。熊十力因此十分了解公车上书的实际情况。本来熊十力在接受私学启蒙的同时，跟着王汉、何焜阁、何自新三人接受了不少新思想的熏习，保家卫国、革命之心越发坚定与迫切。社会心理学认为，人无法独立于社会而独自存在，一个人会时时刻刻受到社会大氛围的影响。在近代中国，动荡不安的社会环境给每个人成长中烙下的印格外深刻。出生在那个时代的名人，以一己之力强盛国家是很多人的生涯发展的动力。

2.“神童”熊十力的早期生涯能力储备

熊十力很小的时候跟着父亲粗学过几个字，后来入父亲私塾旁听。在旁听期间，习得《三字经》、四书、五经章句和史籍。听别的读书伢（熊父的私塾学生）讲，习得《教儿经》《百家姓》《千家诗》《增广贤文》等很多旧学启蒙知识。随父游赤壁后，《前赤壁赋》和《后赤壁赋》也倒背如流。私下里读《岳飞传》一类的爱国悲壮故事，跟着何圣木先生读私塾也大抵是《顺民篇》这样的旧学经典。

结识何焜阁，熊十力的视野被极大地拓展。当时新学《格致启蒙》一类的书是熊十力的心头宝。中西两种思想文化在他心里激烈碰撞，他也和当时其他的激进青年一样持“否旧学，立新学”的立场。

（1）“神童”智力

两千多年前，孔子提出“三智论”说：“性相近也，习相远也”，“唯上智与下愚不移”，“中人以上可以语上也；中人以下不可以语上也”。用现代心理学的话来讲，智力作“超长、正常、低常”之分。熊十力便属于这其中的“上智”，即智力超常。（杨鑫辉，2010）

熊十力自小记忆力、理解力超强。熊父偶尔教了几个字，便“粗通”，以至于熊父道他“此儿眼神特异”。熊十力自小好问好学，“初授《三字经》，吾一日读背讫。授四书，吾求多授，先父每不肯，曰：多含蓄为嘉也。求侍讲席，许之。时先父门下，颇有茂才，余自负所领会出其上，父有问，即肃对。父喜，而复有戚色”（熊十力，2018）。

熊十力后期任职北大，也是唯一没有藏书的哲学家。他把书全部藏在脑子里，随用随取，撰写书籍文章时旁征博引，信手拈来。

（2）痴迷学习

熊十力随父学不及一年，父卧病在床，念熊十力生计无着，让熊作裁缝之业自活，熊十力床前立誓“不敢废学”。熊父去世后，熊效仿长兄，半耕半读，坚持自学。接触新思想后，熊十力每每去同乡举人处借书，“旋阅当时维新派论文与奏章”。他对陈亮“开拓万古心胸，推到一世智勇”很是向往，对陈白沙“尧舜事业，只如一点浮云过目”格外醉心。（丁为祥，1999）中国古代经书典籍中主张秉承“自求自得”“熟读精思”的学习原则和“志高”“专心一志”“学趣”“中心喜悦”“勇学”和“自去理会、体察、涵养”等六项学习心理条件。（杨鑫辉，2010）从这些方面来看，熊父说“此儿眼神特异”是极有道理的。

谈及熊十力痴迷学习的现象，与当今中国学生的“厌学”有着极大不同。在熊十力心目中，父亲、兄长以及与他交好的同伴，无一不是“尚智”的，这些人是熊十力自小的榜样。并且，只有自己不断学习，接受新思想新知识，才能不断获得父亲赞赏，融入同伴的交往圈，自己的聪慧才有施展之地，以此博得更多人的称赞。无论从行为主义角度，还是社会学习角度，学习对熊十力而言都是一种与奖励直接挂钩的事物。

（3）勤奋的品质

纵观熊十力的一生，除天生的聪颖之外，超出常人的勤奋感始终在熊身上显示得淋漓尽致。埃里克森认为，六到十二岁是儿童获得勤奋感、克服自卑感的关键阶段。（Erikson，1968）此时熊十力接沉浸在阅读传统儒学书籍中，正为书中各个英雄豪杰所激动，且记忆力和理解力均在同龄人之上。实际上，熊在此时期通过这种学习上的优秀获得了来自他人对自身能力和价值的肯定。也就是说，熊十力在刻苦学习的过程中会时不时地获得父亲和同伴的支持和鼓励，这让熊明白勤奋的结果将会是成功和奖励，也可以很顺利地把兴趣由孩童好玩耍的天性转移到阅读经史典籍上来，去追求在圆满完成学习任务之后获得的愉悦和来自大家的赞赏，并由此产生贯彻熊一生的极强的勤奋感。

3. 少年熊十力的自我同一性形成

自我同一性是指个体在寻求自我的发展中，对自我的确认和对有关自我发展的一些重大问题，诸如理想、职业、价值观、人生观等的思考和选择。是埃里克森认为人在青春期时的主要发展任务。（Waterman，1988）熊十力对人生的思考、价值观等在这一时期已经初具雏形。

年十三岁，等高而伤秋毫，时谓然叹曰：此秋毫始为茂草，春夏时，吸收水土空气诸成分，而油然滋荣者也。未几，零落为秋毫，刹那刹那，将秋毫且不可得，求其原质，亦复无有。三界诸有为相，皆可作如是观。顿悟万有皆幻。由是放浪形骸，妄驰淫佚，久之觉其烦恼，更进求安心立命之道。（熊十力，2001：第一卷 15）

上文已有所提及，在此之前，熊十力的偶像是传统文学作品中的英勇悲壮的爱国英雄，效能感来源于自己在学问中表现出的聪慧，加之在父亲榻前立誓“终不废学”，基本构成了熊十力对自己的整体认知以及个人信仰。

4. 总结

以生涯发展阶段理论的眼光来看，未成年期的熊十力属于其生涯发展中的成长期。这个时期的熊需要解决两个发展任务：发展自我图像；发展对工作世界的正确态度，开始了解工作的意义。

萨柏把生涯成长期划分为十岁之前的幻想期，它以“需要”为主要考虑因素，在这个时期，幻想中的角色扮演很重要。此时的熊爱听爱看悲壮英雄故事，时常投身其中，慷慨激昂。在此时期，熊的自尊、道德感、创造力等方面开始初步显现。与熊的个性形成和社会性发展密切关联的社会化过程开始。前文提及，熊十一二岁之前父母健在，父亲为当地的私塾先生，承儒学、尊儒道。母亲为传统的农家妇女，照顾熊一家起居。从熊幼年的种种表现看来，熊十分聪颖好学，又是家中次子，且熊又以兄长和一众书中英雄做榜样，自然深受父母及兄长喜爱。加之家境贫穷，家中有劳动能力的人皆忙于生存，并不能也没有额外的精力给熊施加成长压力，而是在喜爱赞赏下顺其自然，任其发展。这种环境下熊“犯错误”“离经叛道”所要付出的代价极小，且由于宽松、支持性的家庭氛围养成熊的高自尊感，使熊更乐于展开对外界和自我兴趣的探索。自尊，即自我意识中具有评价意义的情感成分，与自尊需要相联系，而自尊需要得到满足，会使人感到自信，体验到自我价值，从而产生积极的自我肯定。（林崇德，2009）自尊与儿童的能力和对自身能力的认识有关，受到父母育儿风格和对儿童有重要意义的他人评价的影响。同时，超乎常人的聪颖、善学，支持性的原生家庭环境和低“试误”代价也在很大程度上滋养了熊十力的高创造力特性。（Erikson，1968）而另一方面，熊在童年早期道德形成开始时，会认为规则是绝对的，由权威所给予的。对好坏是非的评判具有明显的从他性和情景性特征。养育者的道德水平会对熊十力的道德品质起到决定的作用，熊父通经晓史、学宗程朱，一生困厄又不以科名为意。他为人正直，同情贫苦乡邻，憎恨以强凌弱，在当地很受乡民尊重。（郭齐勇，2013）熊十力的自我图像，背后与其父的道德信仰有很大的关联。

十一二岁为熊的生涯兴趣期，以“喜好”为主要考虑因素，喜好是个体抱负与活动的主要决定因素。此时熊的双亲先后离世。熊经历了人生中重要关键性事件“房产诬告”和因此事间接导致的双亲离世的丧失事件。关键性事件在人的一生中都有着至关重要的地位，它可以在很大程度上引起一个人深层价值观的变化以及个体内在动力的变化。熊此时“狂”者性格也初见端倪，对反压迫、报效国家之意念很坚定，这份意念和“狂”者的性格表现，与少年失亲和所经历的关键事件有着极大的关联。

继而为熊十力的生涯能力储备期，以“能力”为主要考虑因素，能力逐渐具有重要作用。

此时正值中国“戊戌变法”时期，熊接受了大量传统儒学书籍的滋养后，又因为时代因素接触了大量的新学以及家国大事，而且时常与几位有进步革命思想的好友相聚，熊本身便极其聪颖，他此时对自身能力和性格的综合评价为“举头天外望，无我这般人”，并以“先天下之忧而忧”作为自己的座右铭。黄冈生活的这段少年时期奠定了熊十力人生道路的基本方向。

值得一提的是，熊父母早逝，父亲对熊十力“矢志学术，家国天下”的坚定信念有着重要的影响，是熊生涯之路的原动力，但是关于双亲之重要一方的母亲，熊却鲜有提及。熊幼时父母早逝，过了多年“无人约束”的“野孩子”生活。后来熊结婚，育有三子，熊也不与他们住在一起，认为远离家庭住所，独寻清净之处是“做学术之必须”。

（二）熊十力从事革命行动时期（17—33岁；1901—1917）

1. 生涯探索期的生命历程

1900年，八国联军侵华，国内义和团运动达到高潮，次年《辛丑条约》签定。熊十力先同王汉、何自新三人来到省城武汉准备谋革命大业。随着革命的不断推进，王汉、何自新牺牲，熊十力也几经生死。革命同时，熊十力也未停止对各家学派的学习。遍读先秦著作和西方哲学译本，并编《船山学自记》《心书·某报序言》，抒忧时悲情，关心安心立命的大事。随着旧民主主义革命的失败，熊十力失望悲愤的同时，誓从此远离政界。

2. 第一次重大人生转折——参加革命

熊十力后来在《与人谈易》中开篇道：“吾少悟革命，未尝学问”（熊十力，2017）。在听闻侄子被举荐为乡长后也苦心规劝“辞官做农民”，熊十力亦对侄子说自己“吾年十六七，便以革命从戎，狂野不学”（熊十力，2018）。在留存的信件中多处表示自己对年少时参加革命的不认同。而且，熊十力年少时便已经显示出自己对学术、哲学的浓厚兴趣和天赋，为何青年时期的熊十力要参加革命呢？

首先，“救国英雄”的崇拜心理。熊十力自小便十分敬仰和崇拜顾炎武、王夫之的为人与学问。岳飞等爱国英雄、具备反抗精神的正义之士，也是熊十力内心“理想我”的化身。当时国家危亡的战乱背景，恰好为这种“救国英雄”式的心理提供了施展的舞台。“读船山、亭林诸老先生书，以有革命之志，遂不事科举，而投武昌凯子营当一小兵，谋运动军队。”（熊十力，2018）

其次，何自新、王汉，以及举人何焜阁（维新分子）等进步人士给了少年熊十力耳濡目染的影响。熊十力在接触《格物启蒙》《天演论》等新学书籍后，越发关注国政时局。当时骂孔子、毁六经是少年的普遍做法。少年熊十力也是“睹前儒疏记，掷之地下，骂声不觉”，奉新学，贬旧学。（郭齐勇，2013）熊十力参加革命，也是在何自新、王汉的同行之下。

最后，在当时的背景下，身为一个社会底层出身、家境贫寒的农村青年，能够让他“闯一番事业，出人头地”的活动可能非参加革命莫属。这也是熊十力内心自我实现的需要。

3. 誓与革命、政治划清界限——结束革命生涯

革命运动后期，熊深感“党人绝无在身心上做工夫者，如何拨乱反正?”（熊十力，2018）。“今之执政，不学无术，私心独断，以逆流为治，以武力剥削为能，欲玩天下于掌中，其祸败可立以”。“国人痛鼎革以来，道德沦丧，官方败坏，（袁氏首坏初基，军阀继之。贪污、淫侈、残忍、猜度、浮夸、诈骗、卑屈、苟贱，无所不至其极，人道绝矣。）士习偷靡，民生凋敝，天下无生人之气”（熊十力，2001：第一卷 8）。

“二次革命”运动的失败让熊十力彻底看清了当时政界的腐败。根植于熊十力内心深处的“救国”理想无法得到实现。远离政界，另寻他路是熊十力

做出的另一重要人生抉择。

4. 总结

此阶段是熊十力的生涯探索期。探索期的青年发展任务是：实现职业偏好；发展一个符合现实的自我概念；学习开创更多的机会。此阶段分为三个时期，首先为熊的生涯试探期，考虑需要、兴趣、能力及机会，作暂时的决定，并在幻想、讨论、课业及工作中加以尝试。

经过生涯成长期的熊十力，在当时时代的特殊作用下，进行投军革命的初步生涯探索。其实从离开黄冈到参军并非一蹴而就。熊起初到当地省城无所事事，继而在豆腐坊打工，而后与好友四处打听如何实现自身的“报国革命”目标。过程曲折，其长兄仲甫看熊“干瘦黝黑、吃了不少苦头”的样子也曾反复劝其放弃革命之路。自小培养出的儒家“入世”的价值观是熊十力个人革命救国理想产生的基础，而理想的实现要看熊个人的毅力。救国的理想与自小建立的价值观有多密切，与早期建立的自我图像有多吻合，为其理想而不懈奋斗的动力就有多强。

继而是过度期，进入就业市场或专业训练，更重视现实，并力图实现自我观念，将一般性的选择转为特定的选择；熊经过对革命之路的摸索和前期调查（熊与好友），“投武昌新军凯字营当一小兵”。但熊并不仅仅是做一名大头兵就算了，当兵期间他白天练武，晚上继续苦读，并不断撰写文章，组织讲会，宣传自己不断积累感悟出的救国之道。从这个角度上，与其说熊中年转轨放弃革命之路，还不如说在熊十力的生涯探索期，是由于特定的时代因素，熊在生涯之路上披着革命的外壳坚持着自己的“思想救国、文化救国”之方向。关于纯粹的“弃笔投戎”之常人理解的革命，在这里形容熊十力并不合适。

生涯探索期的最后一个子分期是试验并稍作承诺期，生涯初步确定并试验其成为长期职业生活的可能性，若不适合则可能再经历上述各时期以确定方向。熊十力经过革命路上的一次次尝试和探索，经过重重的革命洗礼和对社会现实认知的层层加深，熊十力弃政向学，进一步明确自己内心真实的目标所向，是“以文救国”而非“以武救国”。政治道路并不适合他。熊十力在此阶段最终发展出“天上地下，为我独尊”；“数荆湖过客，濂溪而后我重来”的自我概念。（郭齐勇，1994）以枪杆子救国为主题，革命是熊十力在这个时期干的一件大事，也是熊十力人生中的第一次关键性的转折。它为后期熊十力的哲学思想体系的形成和发展提供了实践基础。他思想中的反帝反封建色彩因为袁世凯称帝事件而更加浓烈。其中刚健自强、民族腾飞的献身精神，成为熊十力日后哲学体系创立的钢骨。

（三）熊十力专研学术时期（34—84 岁；1918—1968）

熊十力讲自己的学术历程时总结道：“平生探求宇宙人生诸大问题，就现象方面言，一切犹如环化，与此于确信不疑；但有无真实根源，苦参实究，老夫挥了许多血汗。求之宋明，不满；求之六经四子，犹不深契；求之老庄，乍喜而卒舍之；求之佛家唯识，始好而终不谓然；求之《般若》，大喜，而嫌其未免耽空也。最后力反之自心，久而恍然有悟，始叹儒家《大易》、佛家《般若》，皆于真实根源处却有发明。……自此，复探《华严》、《楞伽》、《涅槃》等经，更回思无著，世亲之学，以及此土晚周诸子，逮于宗门大德、宋明诸老，众贤群圣，造诣不齐，而皆各有得力处。乃至西哲所究宣者，亦莫非大道之散著，析其意而会其通，去所短而融所长，则一致而白虑之奇诡，殊途而同归之至妙，乃恢恢乎备有诸几”（熊十力，2017：22）。

1. 生涯建立期的生命历程（34—48岁；1918—1932）

（1）弃政转学

熊十力参加的旧民主主义革命使他认识到“革政不如革心”。熊十力以为“祸乱起于众昏无知，欲专利于学术，导人群以正见”（熊十力，2001）。深思之后认为革命失败是失了民族固有精神。于是不再与党人政客来往，熊在为《谈道书》一书作序时说：“茫茫大地，契心几人？并此寥寥者亦复难聚，惟有撑拳赤脚，独往独来于天地间而已”（熊十力，2001）。1918年秋，熊十力汇集两年以来的札记二十五则，编《熊子真心书》，标志着熊由政转学的过渡。

（2）学佛南京（1918—1921）

1919年，五四爱国运动爆发，整个中国掀起文化大战，国内文化界空前活跃。熊十力致信梁漱溟，其《究元决疑论》中对自己的批评很有道理。梁、熊相见恳谈，梁推荐熊去南京内学院跟随欧阳竟无大师学习佛学。熊在内学院的两年中，学习异常刻苦，接受了严格的思辨训练，打下了坚实的唯识学与因明学基础，并开始起草《唯识学概论》。

（3）执教北大（1922—1932）

1922年，熊十力经梁漱溟介绍受北大校长蔡元培之邀到北大教授唯识学。在北大“思想自由，兼容并包”的氛围中，熊十力如蛟龙得水。同年，熊十力在南京佛学院起草的《唯识学概论》完稿。这本书按照唯识学体系成文，是熊“新唯识论”体系创造的起点。不久，熊“忽盛疑旧学，于所宗信极不自安。乃举前稿尽毁之，而《新论》始草创焉”（熊十力，2001）。1924年，熊更名“十力”（原名子贞），寓意智慧超群、神通广大和法力无边。夏季，梁漱溟以新孔学思想欲办曲阜大学未成，遂办曹州高中。熊暂停北大教职同去。后来应石瑛之邀，去武大讲课。1925 年秋季返回北大。次年，佛学逻辑著作《因明大疏删注》和《唯识学概论》印行。《唯识学概论》批评佛家四缘论，阐述宇宙万象刹那生灭，与儒家易学体系接近。是熊由佛入儒的里程碑，标志着熊迈出以儒家哲学批判唯识学的第一步。因为成书逻辑严密十分耗脑，巨大的工作量使熊患上严重的神经衰弱。1927 年，熊先到南京中央大学养病，后转至杭州广化寺，并在此结识马一浮。1930 年，《唯识论》出版，把学问分作知识和智慧之学，区分智、慧的不同，并把智作为本体，强调人生、现世的价值。1931 年，九一八事变爆发，熊力劝好友陈铭枢北上抗日，上书国内政府主席“今宜下决心，与倭人死战而不宣”，款“国民熊十力扶病书”。1932 年“一·二八”事变结束后，熊赴上海慰问将士，高兴地与陈合影。1932 年，熊十力的哲学代表作《新唯识论》文言文本在杭州问世。

2. 生涯维持期的生命历程（49—65 岁；1933—1949）

熊十力的《新唯识论》文言文本一经问世，立刻招致了佛界的强烈批判，引发了长达近半个世纪之久的学界与佛界之间对新唯识论持相反态度的“公案”。1933 年，熊十力发表《破〈破新唯识论〉》回应佛界《破新唯识论》“灭弃圣言”的指责。此后三年，熊十力在学术钻研和学术交友中继续增进自己对中华文化梳理重建的思索。1936 年，熊十力作《十力论学语辑》收录近三年的短文笔札。对日抗战之前的熊的思想面貌，大致反映其中。1937 年，熊作《佛家名相通释》，书中涉及很多熊的治学之术。这一时期，熊在学术界的影响渐大。七月，七七事变爆发。熊由弟子陪同南下避难，辗转几处，熊一直讲民族精神、种源及通史，砥砺气节。此后，抗战期间的颠沛流离、流亡困顿的处境没有阻碍熊继续发展自己的哲学体系进程，他依然勤思苦索，著书不断。至 1943 年，熊十力已经是国内著名学者，北大破例升为教授。1945 年抗战胜利，《十力语要》、《中国历史讲话》、《新唯识论》语体文本、《读经示要》等著作在好友、学生的帮助下陆续出版。抗战胜利后，熊居无定所，依然笔耕不缀，先后有《十力语要》卷三、卷四和《韩非子评论》成书，发表论文若干。熊一直想办哲学研究院，蒋介石阅览《读经示要》后送来两次资助，一次被熊骂了回去，一次捐赠给南京内学院。1948 年，熊十力复至浙大讲学，给住处起名“漆园”，附对联“白首对江山，纵横无限意；丹心林午夜，危微俨若思”。1949 年，郭沫若、董必武联名邀熊十力北上，熊十力次年三月重回北大任教，颠沛流离的生活结束。

3. 生涯衰退期的生命历程（66—84 岁；1950—1968）

熊十力在北京得到了很好的照顾，但经过五四运动之后，在熊十力的课堂上，学生已经无心研究什么儒学了，熊倍感落寞。1950 年后，在老友董必武等人的保护下，熊著的《论六经》《原儒》《体用论》《明心篇》《乾坤衍》等虽然顺利出版，但在当时大量思想家转向唯物主义的风潮中，并没有产生什么影响。《存斋随笔》被退稿。至 1966 年，“文革”爆发，两年后熊十力与世长辞。

4. 专研学术期的重要转折

（1）熊十力赴南京学佛

熊十力学佛这一关键人生事件，一直为后人所难以理解。各家众说纷纭，或者得出“普通人不可能理解熊子真（十力）内心真正的需求”（孙建勇，2016）这样的结论。的确，熊十力确实对佛持不敬重的态度，幼时鞭过菩萨，青年偷过金佛，哪怕是在南京学佛时，菩萨头也有晾破裤子的功能。1910 年革命后期，熊十力还在《答何自新书》中批评佛学之说过高而不切于人事。1913 年公开的五篇随笔中，也明确指出“佛说尽高尚，然其为道也，了尽空无，使人流荡失守，未能解缚，先自逾闲，其害不可圣言以”（熊十力，2001）。所以，熊十力离赴南京学佛确实违背常理。

要论证此悬疑性问题，首先要明确熊十力选择学术为人生之路的做法。

辛亥革命失败，熊十力看破时局而远离政治。经过多年的革命生涯，熊十力认识到“祸乱起于众昏无知”，自己从小的信念“救国”，根本在于“导人以群见”，能够“导人以群见”的哲学才是自己真正的使命。

> 自昔史家之论，凡领导群生而为万民所托命者，必用天下之智以为智，而非恃一己之智也；必用天下之力以为力，而非恃一己之力也。（熊十力，2001：第八卷 264）
>
> 于是始悟我生来一大事，实在政治革命之外者，痛悔以往随浮沉无真志，誓绝世缘，而求为己之学。（熊十力，2001：第一卷 81）
>
> 少时读《孟子》“我亦欲正人心”一语，不感何种意味。三十而后，深历世变，始知此言直觉本根。万化生于人心，人心正则万事万物莫不一于正，人心死则乾坤息尚何事物可言？（熊十力，2017：72）

第二点要留意的是，熊十力通佛、道、儒各家思想，且在此时还没有显示出对于某一家的偏爱，这在《熊子真心书》中便可知悉。为何会选择自己在态度上贬斥的佛学，而不选择其他两者呢？

经过旧民主主义历练的熊十力对传统旧学与西学的认识更加深刻。旧学方面，通过多年的研习，熊十力的知识结构虽然博杂，但对健行不息的刚健精神和修身立本的儒学本旨已有相当的自觉，旧学不仅不可废，还需认真研究和利用。新学方面，他欣赏唐朝玄奘翻译佛经的做法，认为西学的引进不应是

“逐臭之夫”“狂昏浮乱”，而应该学到根本处。（熊十力，2018）革命之事，让熊十力跳脱出贬旧学、尚西学、唯革命方可报国的思想，树立起旧学为根，学西学，学术救国的正确理念。

再回到熊十力选择佛学的根本点上。熊十力在这一时期频繁地表达对佛学“性空”“虚无”等理念的反对。熊十力对佛学的反对态度为何会如此激烈呢？作为一种自我防御机制，“否认”，意指把已发生的痛苦与不快的事加以“否定”，采取视而不见、听而不闻的方式，竭力回避，以保持其心理平衡。（Sharvit，2016）熊十力13岁便产生“真幻”之问。

> 顿悟万有皆幻，由是放浪形骸，妄驰淫佚，久之觉其烦恼，更进求安心立命之道……时则以情器为泡影，索真宰于寂灭，一念不生，虚空粉碎，以此为至道之归矣。幻相为多事者，云何依真起幻？即依真起幻，云何断幻求真？幻如可断者，即不应起；起已可断者，断比复起。又舍幻有真者，是真幻不相干，云何求真？种种疑虑，莫获正解，以是身心无主，不得安稳。乃忽读《王船山遗书》，得悟道器一元，幽明一物。（熊十力，2001：第一卷5）

革命期间，熊十力除了阅读各家书籍外，也拜访月霞法师两次。如果说熊十力真如所表现的一般贬斥佛学，则不会出现这种拜访法师的行为。第一次拜会月霞法师是在民国元年，也就是辛亥革命之后，熊十力的好友王汉、何自新牺牲，王汉未能列在武昌烈士祀中。熊十力“坐人力车过街，天无片云，白日清朗，无思无虑，忽见街道石板如幻如化，忽起念云‘哀哉！人生乃如是耶？’怆然欲泣”（郭齐勇，2013）。这种突发性的巨大情绪变动在熊十力身上并不多见。对熊十力而言，承认人生虚空、万物皆幻，就意味着自小深植心中的“报国”理想，“英雄”式的理想，以及自己与好友投身革命出生入死的奋斗受到颠覆式的挑战。这显然是他不能接受的。

1916年，梁漱溟在《究元决疑论》中指名道姓批评熊十力“土凡夫”，“不知宇宙本无一法之可安立”，并指出：

> 出世间义立，而后乃无疑无饰，不纵浪淫乐，不成狂易，不取自经，戒律百千，清净自守。彼世间德行尚不能比拟其万一，更何逾闲之可得？若其既不能硁硁固据其世间之礼教，又不能皈依正法以出世，而唯贪着五欲，不舍世间，窃无违碍之谈，饰其放逸之行，则是黠滑之所为，非吾释子之所有（梁漱溟，1989：19）。

梁漱溟当年凭借此文章声名大振，年仅24岁便进入北大，并确立了在学界的地位。熊十力必然知此篇介绍佛学文章的重量。

加之当时的学界，儒学的地位并不高，在新学与旧学的斗争中，大量的先进知识分子把儒学看作封建礼教的同体，无法将两者剥离看待。谭嗣同、章太炎等进步人士将思辨性很强的佛学当作武器对抗西方哲学，发文借佛教“普度众生”“大无畏”等鼓舞斗志，弘扬战斗精神。熊十力对二人十分敬佩，对佛教的态度也难免受影响。在二次拜访月霞法师的1917年，熊十力表示“近世学者之患，乃为物欲所累，而气不自振”，认为“邦人君子宜返求诸先哲，并学习佛家禅宗唯心胜义，超脱物欲，挺立节气人格”（熊十力，2001）。

因此，不通西文的熊十力凭借梁漱溟引荐的契机，“取法隋唐古德之道”，“虚心探中印两方之学”，入南京内学院开始厚重扎实的学佛生涯。

（2）熊十力由佛入儒

作为第三次关键的人生转折，由佛入儒在当时颇具开创性，为常人所不能。用蔡元培在1932年《新唯识论》文言文本《序》中盛赞熊十力的话来讲，“惜两千年来，为教界所限，未有以哲学家方法，分析推求，直言其所疑，而试为补正者。有之，则自熊十力先生之《新唯识论》始”（熊十力，2001）。为何这种前无古人的做法仅学佛两年的熊十力却能轻易做到？为何熊十力能引发史无前例的佛学、哲学界持续半世纪之久的公案？

欲解开这一悬疑性问题，首先应一窥熊十力的“狂者”人格。孔子对“狂者”人格的描述是：“狂者进取”，“狂”即敢说敢做，积极进取。（杨鑫辉，2010）郭齐勇评价熊十力“张狂、简脱、趋新、质直”（郭齐勇，2013）；梁培宽对熊先生最主要的印象是率真和豪放（曾海龙，2017：24）；同时，熊十力也素有“狂哲”之称。熊十力对约束人的社会俗见是向来不予理会的。“余少喜简脱，不习礼仪，慕子桑伯子不衣冠而处之风。夏居野寺，辄裸体，时出户外，遇人无所避，又喜打菩萨”（熊十力，2018）。且经常“口出惊人之语”，例如他的名言“举头天外望，无我这般人”；“天上地下，唯物独尊”（郭齐勇，2013）“当今之子，讲晚周诸子，只有我熊某能讲，其余都是混扯”（熊十力，2001）。由此，熊十力对于由佛入儒的做法是不存在心理障碍的，不会因为惧怕世人非议而违背内心选择，甚至于可能连“门派之别”的观念都不存于心。革命时期，熊十力即“求为己之学”，他称自己既不是佛家，也不是儒家，“吾只是吾”，又说“实则佛氏元来本是一个人，并非神物。其道随高，在大地古今万国中，不过圣贤一二”（熊十力，2001）。所以在当时常人看似离经叛道的事情，对熊十力来说只是生命中一次正常的遵循内心意志的选择，更像是“吾爱吾师，吾尤爱真理”。

其次，熊十力早年接触的是正宗儒学熏染，其父和何圣木深研儒学，无论是出于幼儿时期形成的对父亲的崇拜心理，还是自小接受的儒学启蒙，都为熊的生命染上了儒学底色。儒学中的“性本善”论和“人贵论”是熊十力精神认知的“元范畴”，起到各个层面认知的统率作用。从熊十力的深层价值观上来说，儒家的“入世思想”在熊的生命中贯彻始终，不可动摇。“革心”“导人群以正见”以复兴中华民族的理想；英雄式理想的实现都意味着熊十力最终回归儒学之路。

最后，熊十力在学佛之前本就不赞成“缘起性空、涅槃寂静”等佛教说法，更不可能以一个真正的“皈依者”的心态入佛，只是作为一个研究者。熊十力自己对学佛经历的描述是“追寻玄奘、窥基宣扬之业，从护法诸师上索无著、世亲，悉其渊源，通其脉络”（熊十力，2001）。可见，熊十力学佛，是为“为己之学”，再具体些，是跳脱出儒、佛等各派之上的“求真见”。熊十力自己说：

> 余之学佛学儒，乃至其他，都不是为专家之业，而确是对于宇宙人生诸大问题求得明了正确之解决。……世之议余毁佛者，恐其罪不在我而在彼。顽固而崇佛，其毁佛滋甚，世人恒不悟也。（熊十力，2001：第六卷5）

5. 总结

从弃政转学到《新唯识论》文言文本问世，属于熊十力的生涯建立期。在这一时期，熊十力确定了适合自己的发展领域，逐步建立了稳固的学术地位。身份从中学老师、南京内学院学生变为北大讲师。此时期又分为两个子时期：试验投入和建立期、晋升期。在试验投入和建立期，熊十力在学术领域刻苦钻研，稳扎稳打，也因为种种原因实现了从佛学向儒学的调整。而在晋升期，熊在北大致力于新唯识论的创作，工作氛围很好，学术地位逐步上升。个体在这个时期主要面临的发展任务是：找机会从事自己想做的事；学习和他人建立关系；寻求专业的扎实与精进；确保一个安全的职位；在一个稳固的位置上安定的发展。熊十力在生涯建立期，通过梁漱溟的引荐得以进入佛学院学习，又因为蔡元培的赏识和梁的介绍执教北大。在北大执教期间结识了钱穆、汤用彤、林宰平等众多教授、哲学家和学者名流。熊十力在北大就是以自身的苦苦钻研和同友人进行学术交流的方式推进自己的哲学体系建设。因为日夜不息，殚精竭虑，熊十力于杭州养病。期间，也不忘同马一浮等志同道合的有识之士交流学术观点，笔耕不缀。

实际上，在南京内学院对佛学的刻苦钻研为熊十力后来创立新唯识论哲学体系提供了坚实的辩证法方法论基础。若没有这份佛学中习得的严密细致的工夫，熊十力不可能进入北大，更不可能在后期发展出自己立论深广的哲学体系。而执教北大的十年间，是熊十力一生之中进行哲学研究最好的阶段。熊十力的代表作《新唯识论》文言文本就是在这个时期诞生。

《新唯识论》文言文本成书之后至 1949 年，属于熊十力的生涯维持期。在维持期，熊十力在学术界已经很有名气，北大破格晋升他为教授。他不断拓展自己的新唯识论哲学体系。同时，与佛学界对新唯识论提出的强烈批评，也是全力应战。这个时期的生涯发展任务是接受自身条件的限制；找出在工作上的新难题；发展新技巧；专注于本务；维持在专业领域中既有的地位与成就。

生涯维持期的主要社会背景大致在九一八事变后伪满洲国成立至内战结束期间。在外部环境上，国内时局动荡不安。熊十力南下多地辗转避难，饥寒不定、手稿被毁。这在一定程度上影响着熊十力的哲学体系创建。但从矛盾论的角度讲，这是非决定力量的外部矛盾。在当时没有过多限制的学术环境上，加之民族复兴的时代理想驱使，大师林立、人才辈出，文化界尤其如此。且《新唯识论》文言文本出版后，熊十力已经在学术界声名鹊起，熊的学术研究并没有受到真正意义上的阻碍。他开始不满足于纯粹的哲学研究，在此生涯阶段，在本体论基础上发展内圣外王之学是他主要任务。

从熊受邀北上至他逝世，属于熊十力的生涯衰退期。在生涯衰退期，熊的身心状态逐渐衰退，然而对哲学体系的拓展和完善工作却依然紧锣密鼓地进行。衰退期熊也尝试转变自己的生涯观念，为居所起“漆园”之名，意为庄子的“知其不可奈何而安之若命”（熊十力，2001）。但处在中华传统民族文化危亡的特殊年代，只得更加发奋著书，继续完善自己的哲学体系，凭一己之力奔走呼号。“余之息焉游焉于斯园也，非敢安之也，直以是触目而警心焉。”（熊十力，2001）生涯发展理论中，衰退期包含两个子时期，减速期和退休期。生涯发展任务是发展非职业性质的角色；学习适合于退休人士的运动；做以前一直想做而没做的事；减少工作时数。

1949 年以后，中国学术思想的多研究方向和整体格局彻底改变了。而经过近代屈辱的列强压迫和五四运动以后，被封建制度捆绑了几千年的传统文化更为大多数人所抛弃。熊在这一时期的主要工作是修改、总结前期的思想体系，并努力向社会主义意识形态和建设靠拢，以期达到传统文化复兴的人生夙愿。这一时期熊“六经注我”的学术研究意识发挥到极致，其学术呈现出一种非正常的裂变式发展特点。（李祥俊，2013）

很明显，在时代格局的影响下，生涯维持期和生涯衰退期的个体发展任务并不适用于熊十力的生涯发展。他极旺盛的创造力贯穿学术生涯始终，而非在生涯维持期削弱。在衰退期，熊并没有做到“归隐田园，不问政事”的道家理想，反而更加忧心民族文化，笔耕不缀。这和熊自小“不敢废学”“先天下之忧而忧”的强烈信念有着很大的关系。

五、研究不足与展望

首先，本文在熊十力身为子女、父亲、朋友等生涯角色上挖掘不深。就子女身份而言，熊十力多次回忆父亲，而对母亲却很少提及。精神分析认为父亲与儿童在成长过程中的超我形成有着极大的关系，而母亲作为儿童最亲密的人，母子之间的依恋关系可以预测熊十力成年后与人交往的关系模式。本文未能在此方面深入挖掘，一方面受水平所限，另一方面由于熊十力对母亲的描述性资料缺失，无法贸然判定熊十力的依恋类型成因。对于熊十力在父亲角色、丈夫角色上的缺位，对家庭的轻视等方面，无法做出可靠推论。就朋友身份而言，虽然有较多资料可查，可以发现熊十力人际关系不稳定、亲疏之间界限不清的问题，但回溯其形成原因，依然困难重重。希望未来的研究可以就此问题展开进一步探索，清晰熊十力在家庭、朋友角色上矛盾性表现的动力学原因，完成对熊十力多角度的心理传记学研究。

其次，本文聚焦于对熊十力生涯变迁的探索，而对其“狂者”人格的形成缺少关注，亦未能明确熊十力“狂者”人格形成的原因。实际上，传主的人格与生涯发展中的行为密切联系，探究传主人格背后的成因也具有不可取代的价值。本文建议后来的研究可以尝试从这一角度入手，仔细分析熊十力的成长因素，得到其“狂者”人格形成背后的逻辑，从而丰富对熊十力个人的心理传记学认知。

六、结论

熊十力的生涯变迁呈现了明显的分段特征：幼年至从军前；革命时期；决志学术时期。

幼年至从军前是熊十力的生涯成长期，在此时期熊十力的生涯信念和生涯能力初具雏形。熊十力在熊父离世、儒家入世思想、新思想书籍以及时代影响下产生了“反压迫，强家国”的生涯信念；先天“神童”智力、痴迷学习和勤奋感的获得使熊十力完成了早期的生涯能力储备；熊十力的自我同一性完成良好，逐渐形成明确的价值观和自我认知。

革命时期是熊十力的生涯探索期。熊十力选择革命之路根本原因在于其救国理想，在当时战乱局势和革命新思想、入世儒家思想交互影响下共同作用的结果。放弃革命生涯是由于旧民主主义革命之路不能救国，也不能满足熊十力救国理想，且逐渐认识到“祸乱起于众昏无知”。

决志学术期是熊十力人生持续最长也是最后的阶段。包括了他的生涯建立期、生涯维持期和生涯衰退期。这一时期熊十力赴南京学佛，是他人生中的第二次重大转折；放弃革命之路后决志学术的信念，学界对于旧学中佛学的尊崇，梁漱溟的影响几个方面促成了熊赴南京学佛的转折。而后来熊十力由佛入儒，是熊十力的第三次重大转折。熊自小深受儒学教化，秉承研究者非皈依者的态度入南京学佛，佛学的“性空”理念与熊十力“导人群见”的报国理想和入世的儒家深层价值观相矛盾，另外，熊的狂者性格使他把佛视为凡人圣贤，且自己一直抱有“求为己之学”的目的研究各派思想，不为学派所囿。这些原因导致了熊由佛入儒的转折。

总的来说，国家局势在很大程度上影响了熊十力的生涯变迁；幼时浸润其中的儒家思想以及爱国英雄形象搭建起熊十力最根本的价值观，加之熊十力一生对父亲的强烈认同作用，使熊十力在实践中始终以“报国”为己任，在时局推动下不断探索救国之路，最终确认无依无傍、孤往独行的学术之路。

参考文献

[美] 马斯洛 (2011). 马斯洛谈自我超越 (石磊编译). 天津: 天津社会科学院出版社.

曾海龙 (2017). 唯识与体用——熊十力哲学研究. 上海: 上海人民出版社.

丁为祥 (1999). 熊十力学术思想评传. 北京: 北京图书馆出版社.

郭齐勇 (2013). 熊十力传论. 北京: 中国社会科学出版社.

郭齐勇 (1994). 天地间一个读书人——熊十力传. 上海: 上海文艺出版社.

李祥俊 (2013). 熊十力思想体系建构历程研究. 北京: 北京师范大学出版社.

梁漱溟 (1989). 梁漱溟全集 (第一卷). 济南: 山东人民出版社.

刘晴波, 彭国兴 (2008). 陈天华集. 长沙: 湖北人民出版社.

宋志明 (2015). 熊十力评卷. 北京: 百花洲文艺出版社.

孙建勇 (2016). 一代狂者熊十力. 北京: 台海出版社.

林崇德 (2009). 发展心理学. 北京: 人民教育出版社.

熊十力 (2001). 熊十力全集. 长沙: 湖北教育出版社.

熊十力 (2018). 十力语要. 郑州: 大象出版社.

熊十力 (2017). 十力语要初续. 郑州: 大象出版社.

杨鑫辉 (2010). 心理学通史 (第一卷). 济南: 山东教育出版社.

叶贤恩 (2010). 熊十力传. 长沙: 湖北人民出版社.

[美] William Todd Schultz (主编) (2011). 心理传记学手册 (郑剑虹等译). 广州: 暨南大学出版社. (原著出版于 2005 年).

Alexander, I. E. (1988). Personality, Psychological Assessment, and Psychobiography. *Journal of Personality*, p. 56.

Erikson, E. H. (1968). *Identity : Youth and Crisis. Identity, Youth, and Crisis.* New York: Norton Company.

Plessis, C. D. (2017). The Method of Psychobiography: Presenting A Step-wise Approach. Qualitative Research in Psychology, 14 (2).

Runyan, M. K. (1997). Chapter 2 – Studying Lives : Psychobiography and the Conceptual Structure of Personality Psychology. *Handbook of Personality Psychology*, pp. 41 – 69.

Sharvit, G. (2016). Conscious Inhibitions: Freud, Anti-semitism, and Hobbesian Imagination. *Journal of Modern Jewish Studies*, 15 (3), pp. 1 – 17.

Super, D. E. (1980). A Life-span, Life-space Approach to Career Development. *Journal of Vocational Behavior*, 16 (3), pp. 282 – 298.

Waterman, A. S. (1988). Identity Status Theory and Erikson's Theory: Communalities and Differences. *Developmental Review*, 8 (2), pp. 185 – 208.

附录

表1 熊十力个人—历史多元交叉纪年表

人生分期	生涯阶段	年代	年龄	历史事件	个人事件	出版著作
幼年至从军前	生涯成长期	1885	1	19世纪末，帝国主义瓜分中国狂潮	出生于湖北黄冈上巴河镇	
		1892	8		放牛，粗识文字	
		1894	10		到父亲执教私塾旁听	
		1895	11	甲午战争失败，《马关条约》签定，公车上书	父亲病重，熊失学	
		1896	12		父亲病逝，熊立誓“终不废学”	
		1898	14	戊戌变法		
		1899	15		熊由兄长引去何圣木处读书	
		1900	16	八国联军侵华战争	接触西学	
从事革命行动时期	生涯探索期	1901	17	《辛丑条约》签定	结识何焜阁、王汉、何自新，立志革新政治	
		1903	19		投武昌凯子营第三十一标当兵	
		1904	20		创办科学补习所，因长沙起义被泄，科学补习所被封	
		1905	21	中国同盟会成立	王汉牺牲，熊革命激情高涨；考入湖北新军特别小学堂	
		1906	22		加入同盟会，组织主持黄冈军学界讲习社；因力主起事，消息泄露被通缉，隐匿乡间。	
		1907	23		日知会被查封，熊活动于江西、德安等地	
		1908	24		返回黄冈，在百福寺白石书院孔庙教书	

（续表）

人生分期	生涯阶段	年代	年龄	历史事件	个人事件	出版著作
从事革命行动时期	生涯探索期	1911	27	武昌起义	何自新病逝，参与武昌起义，结识董必武	
		1912	28	中华民国成立	任日知会志编辑	
		1913	29	二次革命	讨袁失败，返回德安	《庸言》发表杂志五篇
		1914	30		结婚	
		1915	31	新文化运动开始		
		1916	32	袁世凯恢复帝制失败		《船山学自记》《某报序言》
		1917	33	护法运动	结交蔡元培	
专研学术时期	生涯建立期	1918	34		对政党颇觉失望，念革命终无善果	《熊子真心书》
		1919	35	五四爱国运动爆发	天津南开学校教国文，结交梁漱溟	
		1920	36		南京学佛，长子子菩出生	与蔡讨论新文化运动书信刊发《新潮》，连并《答熊子真心书》一起发刊
		1922	38		南京佛学院起草《新唯识学概论》，北大任教	
		1923	39		北大讲授唯识学	
		1924	40		更名“十力”，暂停教职随梁漱溟前往曹州高中	
		1925	41		小女再光初生，返回北大任教	《废督裁兵第一步》《镜相章》见刊
		1926	42			《因明大疏删注》《唯识学概论》
		1927	43	蒋介石在南京建立国民政府	杭州养病	
		1928	44	张学良宣布东北易帜		
		1930	46		结交马一浮	《唯识论》《尊闻录》

（续表）

人生分期	生涯阶段	年代	年龄	历史事件	个人事件	出版著作
专研学术时期	生涯建立期	1931	47	九一八事变		
		1932	48	“一·二八”事变；伪满洲国成立	重返北大，佛学院刘定权《破新唯识论》批评熊	《新唯识论》（文言文本）
	生涯维持期	1933	49		对佛学界批评进行反批评	《破〈破新唯识论〉》《新唯识论参考资料》《要在根本处注意》《杂感》《略释“法”字义》《循环与进化》
		1934	50	中央红军开始长征		在《独立评论》《大公报》发表评论若干
		1935	51	遵义会议		《文化与哲学—为哲学年会进一言》《十力论学语辑》（《十力语要》卷一）
		1936	52	西安事变		在多家期刊报社发表文章
		1937	53	南京大屠杀；卢沟桥事变	七七事变后由弟子陪同逃离北平，南下重庆	《佛家名相通释》
		1938	54	台儿庄战役		《中国历史讲话》《中国历史纲要》（未发表）
		1939	55		应马一浮聘，任复性书院主讲；寓居全毁于火，左膝受伤；因理念不合，离开复性书院，到武大短时讲学；欧阳竟无批评熊十力	
		1940	56	汪精卫伪国民政府在南京成立	应梁漱溟邀，到北碚勉仁书院讲学	《新唯识论》（语体本）上卷
		1941	57	皖南事变		《十力语要》卷二

（续表）

人生分期	生涯阶段	年代	年龄	历史事件	个人事件	出版著作
专研学术时期	生涯维持期	1942	58			《新论》语体本上中卷；在《思想与时代》发表短文多篇
		1943	59		欧阳竟无逝世，熊前往吊唁，与吕澂反复通函辩论佛学根本问题	《新唯识论》（语体文本），发文若干
		1944	60			《读经示要》
		1945	61	日本宣布投降；重庆谈判	熊欲办哲学研究院，两拒蒋介石经费；王恩洋以佛学立场批评熊十力	《十力语要》卷三、卷四
		1946	62	国共内战开始	孙颖川为熊设哲学研究部，聘熊主持	在多本杂志发表多篇文章
		1947	63	人民解放军开始全国规模反攻	返回北大，周谷城、杜国庠著文批评熊唯心论	
		1948	64		浙大讲学，熊名居所“漆园”，收安陆池师周遗孤为嗣女，改名熊池生，字仲光	发文多篇
		1949	65	中国人民政治协商会议第一次全体会议；中华人民共和国成立	与友人、学生反复通函，谋安身之处；郭沫若、董必武联名电报邀熊北上，熊复函不做官，要讲学。	《读经示要》《十力语要初续》《困学记》《韩非子评论》
	生涯衰退期	1950	66		援旧例，任北大哲学系教授	《与友人论张江陵》《催或显宗记》
		1951	67		建议当局回复南京佛学院、智林图书馆和勉仁书院；设立中国哲学研究所。批评梁漱溟，辩论《中国文化要义》	《论六经》
		1953	69	“一五”计划开始实行		《新唯识论》（壬辰删定本）
		1954	70	第一届全国人民代表大会召开，《中华人民共和国宪法》颁布	离京赴沪	《原儒》上卷

（续表）

人生分期	生涯阶段	年代	年龄	历史事件	个人事件	出版著作
专研学术时期	生涯衰退期	1956	72	三大改造完成	被选为全国政协委员，专事写作，避免与家人住一起使写作受到干扰。起草《体用论》导致心血管病复发。	《原儒》下卷
		1958	74	大跃进、全民炼钢和人民公社化运动	不以北大教授名义发放工资，熊工资改由全国政协发放	《体用论》
		1959	75		《明心篇》	
		1961	77		《乾坤衍》《熊著选粹》	
		1964	80		《存斋随笔》封存	
		1968	84		与世长辞	

A Study of Psychobiography of Xiong Shili's Career Change

/ Abstract /

The research uses psychobiography methods to study the career changes of Xiong Shili. From the perspective of vertical life history, this paper expounds the changes of Xiong Shili's career and the reasons for the formation of career belief, early career ability reserve, self-identity and three important turning periods in his career development. In general, the situation in China has greatly affected the career changes of Shili; the Confucianism and the image of patriotic heroes infiltrated in childhood have built the most fundamental values of Shili, and the strong recognition of Shili's life to his father has made Shili take "saving the country" as his responsibility in practice. Under the impetus of the current situation, Shili constantly explores the road to saving the country and finally confirms the academic path.

/ Keywords /

Xiong Shili, Career, Psychobiography

关系与意义的共创历程：以职涯分析与规划课程作为教学实践的反思

李文玫[*]

（龙华科技大学观光休闲系，台湾桃园，33306）

／摘　要／

这几年台湾的高教现场盛行着创新教学法，主张“以学习者为中心”的教学实践，试图改革过往的单向式教学。教学方法的确是教学现场中重要的一环，然而“关系”更是值得切入的角度，当我们重新思索教育的基本单位是“关系”而不是“个体”时，教育的目标就在于协助关系与意义过程的发生。

本文以技职院校中的职涯分析与规划课程作为教学实践的场域，透过教学现场中对于“关系”的反思，以格根（Gergen，2009）所提出“行动中的关系教学法”作为实践策略，并根据作者实际在课程中所开展的教学经

[*] 通讯作者：李文玫，助理教授，博士，E-mail：winniel@mail. lhu. edu. tw

验，进一步将格根所提出的四个参与圈修正为：师生之间、学生与学生、学生与自我，以及学生与职场和世界等的创造与联结。最后以三个共同行动的汇流，说明关系与意义过程的发生。

／关键词／
关系，技职体系，职涯分析与规划，教学实践，行动中的关系教学法

一、“其实我更想说的是，我做到了”

“今天我想要做个不一样的报告！”

在我所开设的职涯规划与分析课程的期末报告课堂中，班上一个话不多，而且不太敢上台报告的女同学小梦这么说着。此时的她，讲话铿锵有力，看起来是鼓足了勇气，并做了充分准备而来的。

“首先我想问问，大家对我的看法是?”接下来，她真的就大方地开始邀约她熟悉与不熟悉的同学。我在台下倒吸一口气，深怕同学的回馈太直接，而她会无法接招，愣愣地杵在台上不知道该怎么办。然而接下来发生的事情，却让我感觉到自己的忧虑是多余的。

“来，这位同学请你说说，你对我的印象是什么?”

“就有点害羞，不太敢在大家面前发言。”

“好，谢谢你！来，那这边这位同学呢?”

“私底下很爱讲话，但是上台报告通常声音都很小。”

“好的！谢谢你们，这的确是我给大家的印象，但是我希望我今天能够改

变这个印象，这是我第一次在这么多人面前讲我自己的生涯故事，我希望能够带给大家一些什么！”

面对这位同学的报告，我的确瞪大眼睛、张开耳朵仔细听，而且一开始就让我很感动，因为两年前她上过我的课，是个很没有自信的孩子，今天可以落落大方地对自己的生命故事侃侃而谈，着实吓我一跳，**而我更好奇的是：是聚足了怎样的因缘，让小梦会选择在这个课堂的期末报告做了这样的尝试。**

小梦在叙说自己的生涯故事时，先用几个指标说明了自己的现况：“存款六位数、牛排店外场主管、与初恋男友交往七年进行式”。

但是话锋一转，她用三个标题来命名自己曾经的过往：“没有选择的命运”“油饭与蛋糕的教育”“失去自我的成长与生活”，并用了一张黑白而且背对镜头的照片呈现生命的意象（如图一）。

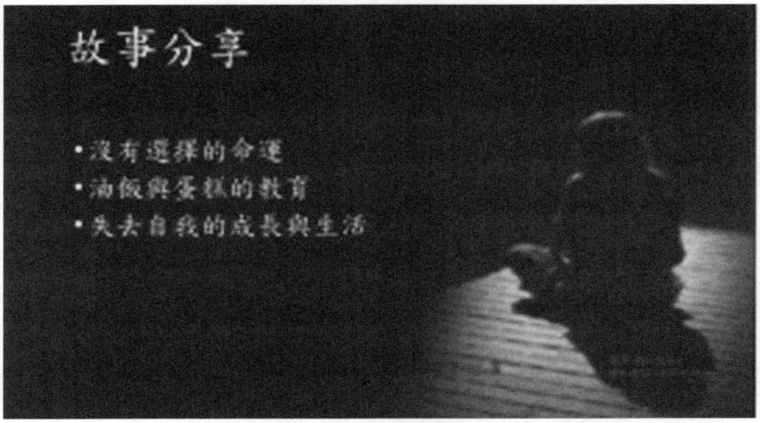

图一　小梦的报告 PPT

我是个从花莲来的单亲家庭长大的小孩，我跟着我爸爸，以前我都觉得跟别人说我是单亲家庭长大的，会觉得很丢脸。我从小跟着爷爷奶奶长大，他们很重男轻女，对我讲话很尖酸刻薄，对弟弟则很放任。从小我就都不敢表达自己想要什么，都只是看着别人可以给我什么，初中阶段是我最阴暗的时候。

因为我们家庭的经济状况不是很好，所以我从大一开始就在牛排店打工，目前已经做了两年多，跟我要好的同学应该都知道，我做这一份工作累得要死，也常常抱怨说老板都闲在那边收钱，我都要做所有外场工作还要关店，我有时候也觉得老板很压榨我，但是我知道我这么认真工作，老板和同事都很肯定我，现在我们老板开了分店，我是外场主管，要帮忙带新人，虽然真的很累，但是很有成就感。

最后小梦用“山不转路转，路不转人自转，于是我是快乐的”作为结语与大家共勉（如图二），看得出来，和前一张图相比，她试图要用七彩的颜色和文字来对比前后的差别，以及这几年来的努力行动，真的让自己有所不同。

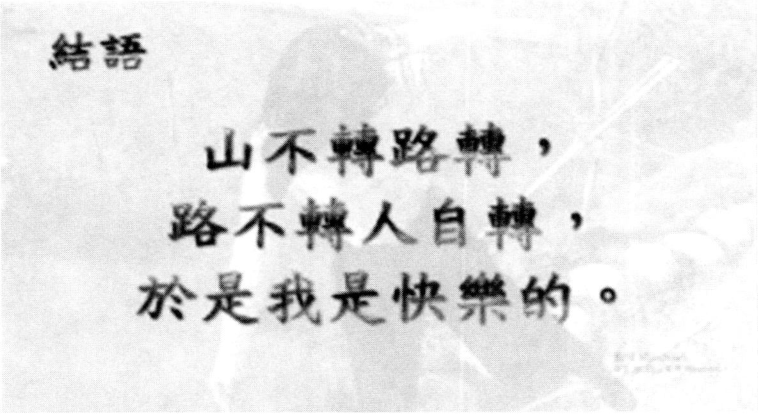

图二　小梦的报告 PPT

在报告结束之前，她补加了一句话：“其实我更想说的是，我做到了。”她说“我做到了”，究竟指向何处？此时此刻她做到的是，可以鼓足勇气上台做个不一样的报告，并且可以勇敢地说出自己不愉快的过往，同时也希望能带给别人一些激励。然而，我相信她所说的“我做到了”不仅仅是这些，而是生命从过往到现今的坚持与努力，虽然她在全学期课堂的心得汇整中这么写着：

> 探索自己是一件很有趣的事情，在这门课与我的工作之间，我得到很多新的思维，也给了我很多改变。
>
> 过去的痛苦经历是我不堪回首的过往，却也是我成长的养分，也是因为我失去过我应有的，而现在我得到更多美好而意外的一切。

诚如我前面的提问，是聚足了怎样的因缘，让她选择在课堂的期末报告用行动来叙说自身的改变，即便她在心得中写下：“在这门课与我的工作之间，我得到很多新的思维，也给了我很多改变。”但我相信，这门课程只是引发改变的众多机缘之一，而不是有着清楚的因果关联，或者可以用所谓的前后测来说明课程的效果。

二、教学现场中，“关系”的反思

> 以关系为基调的教育，是全球未来发展的关键。
>
> （Gergen，2009：243）

这几年，台湾的高教现场盛行着创新教学法，主张“以学习者为中心”的教学实践，试图改革过往的单向式教学。教学方法的确是教学现场中重要的一环，但是他们都忽略了关系远比方法来得重要。

这门职涯分析与规划课程是开设在我所任教科系大三的必修课程。这个班级，我大一大二都教过，清楚知道学生的特质，在第一堂课程的时候，看到学生姗姗来迟，我一反平常教学的温和方式，严厉地告知学生：“你们已经大三，我会用最严厉的方式来要求你们的到课率与上课参与度，我也会花我最大的心力来上这门课；职涯是属于你自己的，你不认真花心思投入，没有人可以代替你规划并走出自己的未来。”我很清楚地知道，课堂是老师和学生们共创的场域，如果我无法引动学生们的参与和投入，那么即便我再唱作俱佳地讲演着，也对学生们的未来生涯无济于事！

（一）教学现场中的几个提问

当然你可能会说，学生既然进入课堂，那么本应有一定的学习态度与动机，但是就我在技职院校任教二十余年的经验，在我的教学现场中，深刻地看到几个现象：

1. 谁是现今教室中的主体？

曾经有一次在课堂中谈到“知觉与人际知觉”这个主题时，我问了学生一个问题：“谁是现今教室中的主体？是学生、老师、电子幕布还是手机？”学生有点儿愣愣地看着我，觉得我的问题很奇怪。我继续说着：“各位想想看，从知觉的角度来看，电子幕布以及文字占了教室空间中最大的比例，因此俨然成了教室中的主角，而在关灯的状况下，老师与学生俨然退位到不重要的位置，更不用谈老师与学生以及学生与学生之间的互动。”这是拜电子产品之赐，所衍生出来的混淆状况——教室中的主体已经失焦。

再加上学生现在人手一只智能型手机以及快速的网络，手机成为学生在课堂中最好的伴侣，但也常常阻碍了师生与生生之间的互动，学生习惯处在自己的世界中，和远方的他者互动，或者和虚拟世界中的游戏互动，却没有让自己活在此时此刻的空间中，与生命当下的他者——老师以及同学们——进行互动。这样的状况，让教室的设计失去了原先的功能。

在往年，作为教师的我，可以名正言顺地要求学生不要使用手机，让学生进入此时此刻的当下；现今要学习的是，顺势使用学生与手机间的亲密关系，进行行动教学法——ZUVIO 教学，让手机成为最佳的学习工具；现今所盛行的翻转教学法，也强调使用影片的制作，让学生有机会反复学习；透过社群软件的使用，让学生在离开课堂之后，还可以进行延续性的讨论。教学方法的不断翻新，目的都是希望能够提升学生的学习意愿，然而，我还是要问：究竟在现今科技发达的教室中，谁才是主体？学生？教师？不断翻新的教学方法？数码教材？还是其他什么？

2. 学生的学习动机还在吗？

所有教材教法的使用，都有一个重要的前提，那就是学生的学习动机。在私立的技职体系教书二十余年，一方面，因为现今少子化的缘故，私立学校招生不易，学生从高中职的读书压力下解放，或者对科系的兴趣不高，或者学生只是想要拿个大学文凭；另一方面，受教师评鉴制度的影响，老师不敢对学生有太严厉的要求，缺乏老师的督促，使得学生的学习意愿降低；而同侪的相互影响也很大，技职体系学生打工的比例极高，投入在线游戏的人数也愈来愈多，打工成为生活中重要的一部分，在线游戏成为同侪相互认同以及纾解压力的重要方式，读书风气很难营造出来。

因此，在学生个人、教师以及同侪三个角度的相互影响与作用下，学生的学习动机已经降低很多。这里说的是降低，并非消失殆尽，因此，如果问学生的学习动机还在吗，答案是肯定的——当然还在，只是需要引发与引动。虽然大学教育是自主学习的历程，但是当学生们的自主学习状态还没有养成，那么身为教师的我，势必要再进一步思考如何引动学生们的学习动机。尤其我作为以心理学相关课程为主的教师，动机本来就是重要的主题。

心理学家解释动机为：引起个体活动，维持并促使活动朝向某一目标进行的内部动力（张春兴，2013）。重要的是内部动力，学生如何有着高度自主学习的内部动力？这是现今在教育现场的教师们都必须积极思考的重要议题。因此，在技职体系任教的教师，必须要清楚地认知，课堂的经营以及学生学习动力的激发成为在教学实践中，都必须要仔细考虑的议题。

3. 教育的基本单位是个体还是关系？

> 如果我们把个体代换成关系，并以此作为教育的基本单位，那么我们可以打开什么样的新视野？会引发出什么样的实践与政策？
>
> （Gergen，2009：245）

我前面在提问“谁是现今教室的主体？”以及“学生的学习动机还在吗？”其实落入了个人主义思维下对于教育基本单位的假设，都假设了学生是学习主体，然而这边要问的是，有没有其他可能？如果我们换个角度来看，当教育的基本单位是关系，而不仅仅是个体时，那会是如何？

如果教育的基本单位是关系，而知识和理性都是社群的共创与关系的成就时，那么我们就必须重新思考教育的目标何在。格根认为教育的目标在于提升参与关系过程的潜力——从在地开始，直到全球，于是这样的目标就不在于生产独立自主的思想者，**而在于协助关系过程的发生**（Gergen，2009：243）。

> 正因为所有的知识都是社群的共创，因此教育首先就要以增进关系、提高参与的过程来设想，也因此才能使教育获得最丰富的成果。
>
> （Gergen，2009：241）

当我们愿意翻转教育的目标，跳脱以个体为主的独立自主思考者的训练，朝向“增进关系、提升参与关系过程”为教育目标时，我们对于教育的投入与引导自会有所不同。当然不是说独立自主的思考者不重要，而是“协助关系过程的发生”是一个更宽广的视野。

（二）教学现场中，关于关系的几个反思

首先我们要来看，什么是关系？在关系中又会产生怎样的教学行动？

1.“因为这个班是我的导师班”

有几次在与学校教通识课程的老师们聊天，都会听到类似的话：“这个班是我的导师班，所以他们上课特别认真”，听起来好像很理所当然，但是我的疑问是：“同样的老师，同样的教学内容，为什么会有这样的差异？”

答案就在于关系的差异，导师班的学生多了一份接触和认定，就如同心理学中的铭印效应一样，学生对于班导师的认定多了一份情感与义气，因为班导师的认识与特别关照，因此上课会更认真投入，这样的相互认定与参与，让课程的进行更顺畅，成效似乎也比较好。而我自己对于导师班的要求也会特别严格，严格也隐含着情感投入的深度。

对于关系的论述，相互性是人与人之间很珍贵的特性，导师与学生创造了不同的相互性与意义。格根认为关系是人类的初始状态，每事每物都是共创的，教室是构成共同行动的场域，课程则组成了我们的共同行动与创造。任何有意义的行动都属于共同行动，格根特别提及共同行动中的限制、多态性与延展性、以及关系的改变——败坏与繁荣。（Gergen，2009：114 – 127）

共同行动本来就是一个相互限制的过程，有其内建的秩序，同时也具有某

种的开放性与流变性，自我在关系中的存有本来就是多态性的，且具有延展性；而关系之流往往会有不同形式，朝向限制与败生性，或是朝向生机性与充满无限意义的演化与创生。在课堂中的共同行动，一方面希望在师生关系所创造的知识实践场域中可以朝向生机性，另一方面则希望开展学生丰富的关系潜能。

2. 停电经验中的裸教

2016 年参加学校教学优良教师竞选时，我提出了两个自己一直坚持的教育核心理念：**一是裸教（teaching naked）的重要性，**在当今科技为主的教室环境中，当我们把电子讲桌打开、布幕放下、电灯关弱时，我们也就自动隔开了与学生之间的距离，教师俨然退位，布幕上的字成为关注的重点。很多时候，学生对于知识的获得，其实拿起手机、连上网络、输入关键词，就可以快速获得相关知识，那么教师在教室中究竟还要扮演什么样的角色？

我用一次停电的经验来说明自己对于裸教的期待，那次全校性停电，让我无法使用电子讲桌，同时连麦克风都无法使用，离下课时间还有很久，我询问同学怎么办。基本上学生还算认真，没有嚷着要下课，因此我稍微站在教室的中央，跟学生的距离靠近些，加上没有使用麦克风，因此学生必须更认真听讲，才能听到我在说些什么，我告诉学生们我喜欢这样裸教的方式，我也期待在课堂中可以跟大家有更多的互动与交流，整整一个小时，在不是太明亮的 80 人教室中，学生们反而认真投入地在学习着，这让我很感动。

我自问，是什么让学生反而认真起来？是那份真诚的交流与互动。这是在教室中很重要的元素，也一直是我教学以来的坚持，我尽可能记得学生们的名字，因为被记住是生命的被看见与被看重，人们都希望被看重，而每个生命都值得被看重，当然我无法在每个课堂中记得每个学生的名字，但是我努力去做。

3. 立基于自身学习经验与教学现场所开展出来的教学信念

在我过往的学习经验中，我一直相信知识要为我所体验以及为我所用，才会是我真正学到的知识，心理学者布鲁纳（Bruner）于 1984 年提出人类的两种思考或是认知模式，一为逻辑性的认知（paradigmatic knowing），一则为叙事性的认知（narrative knowing）（引自 Lyons & Laboskey，2002），我所强调的属于后者，学习是要用自身的体验与叙事来进行，而不仅仅是理性上知道与逻辑推理的过程而已。

我一直相信最好的教学方式就是，课堂当中与学生的互动，并创造学生与学生互动的空间。很多时候，我都相信学生能够在课堂中学习的是亲临教室的现场感、能在这些活生生的他者中学习到的任何东西。因此，“在体验中学习”是我的教学核心信念，希望在过程中学生不仅有知识的获得，同时能够认识自己、理解人我关系，并进一步观察社会现象；而这些目标可以完成都要立基于课堂中与学生的互动，并得以教学相长。因此我强调的是关系互动与自身体验是教室中重要的元素，也是学生得以有所学习与改变的关键。

三、行动中的关系教学法：在职涯课程中

我一直在思考要如何为自己的教学信念与教学法找到一个相对应的命名，原先朝向体验教学法①寻觅，然而却不完全契合。在阅读了格根（Gergen，

---

① 对体验式教学法的概念有不同的说法，归结起来主要包括：教师的导引、学生的参与实践、师生的感悟交流这样三个方面，即通过以“行动”为中心的一种学习方式，促进学生知识、能力、情感的发展，这是一种更人性化的教学方式。它是集知识（Knowledge）、实践（Activity）和反馈（Reflection）于一体的一种效力更持久的教学方式。

2009）《关系存有》（*Relational Being*）一书之后，有一种豁然开朗以及“啊哈，这就是我要寻觅并且已经在实践中的教育理论”的感觉——行动中的关系教学法。然而每位教师都会带着自身的学习与生命经验（所谓的多态存有）进入课堂中，当我试着要把我的教学行动论述化时，与理念相近的理论进行对话，是可以相互参照与相互厘清的。

格根（Gergen，2009）所开展出的行动中的关系教学法，是立基于关系存有的立场，他认为教育的基本单位是关系而不是个体，教育的目标在于协助关系发生的过程，并且提升参与关系过程的潜力；而教室/课堂正是达成目标的共创社群与空间，在教学实务上，他以四个“关系圈”来说明不同的教学策略与行动，这部分将在后面详细描述之。

（一）职涯分析与规划的课程设计

当我们将人的行动视为关系的汇流，在此基础上，教室与课程是什么？教室是构成共同行动的场域，课程组成了我们的共同行动与创造；在关系样态中，很重要的是相互性。格根认为只有当行动成为相互参照的行事时，才会使意义涌入生命（宋文里译，2016：104），为了让意义能够在教室场域中发生，因此教学内容与课程的设计以及教学实践策略成为引动学生参与的重要方式，在此将先说明这门课程的教学内容与课程设计。

1. 立基于生涯建构论的课程设计

在课程设计上以萨维柯斯（Savickas，2005）所提出的生涯建构论（career construction）作为理论基础。生涯建构理论强调的是，生涯世界（career world）如何由个人建构和社会建构所同时形塑着。生涯建构理论同时也从脉络主义的观点来看生涯，也就是说发展是个体对于外在环境的适应过程，而不是个人内在结构的成熟。因此，视生涯为解释的历程、社会互动以及意义的协商历程。

这样的论点和前面所提格根主张的“只有当行动成为相互参照的行事时，才会使意义涌入生命”有相互呼应之处，也就是说，**将生涯视为一种关系与社会互动的协商历程，生涯也是重新诠释过往生命经验、并参照未来目标所不断发展出来的意义协商历程。**

这样的理论观点很不同于过往的生涯发展理论，如帕森斯（Parsons，1909）的人境适配论、荷伦（Holland，1973）所强调的职业兴趣与环境的适配性、舒伯（Super，1980）的生涯发展理论（金树人，1997；吴芝仪，2000），这些强调的是成熟性与适配性，然而随着生涯模式的改变，当我们把生涯放置在全球化的处境中时，朝向了无疆界生涯（boundaryless careers）、万花筒生涯（kaleidoscope careers）、新生涯（new careers）、后公司生涯（post-corporate careers）以及变化无常的生涯（protean careers）（Arthur，2008；Savickas，2013）。如果从学生的角度来看，“斜杠人生”（Kuang，2017）成为一种趋势，因此在课程设计上朝向一种**“零工经济下的斜杠人生”**之后现代观点，这同时也是立基于生涯建构论所强调的“生涯世界是由个人建构和社会建构所同时形塑着”，亦即在全球产业发展趋势与个人能动性间，如何相互形塑并建构自身的生涯样貌。

生涯建构论强调三大重点：特质上的个别差异—差异—**职业性格**；发展性任务与适应策略—发展—**生涯适应力**；心理动力性的动机—生涯动力—**生命主轴**。**在职业性格方面**，强调的是与生涯相关的能力、需求、价值和兴趣，同时视兴趣为一种动态的历程，而不是稳定的特质，也就是说，兴趣作为一种可能性，而不是预测因子。亦即，生涯建构理论将重点放在自我延伸（self-extension），而不是自我组织（self-organization）。这个打破了荷伦（Holland）

所强调的将兴趣视为稳定特质，因此在课程中强调兴趣是动态历程、是一种可能性，那么在斜杠人生的朝向就会有多元可能性（Savickas，2005）。

在生涯适应力方面，萨维柯斯（Savickas，2005）认为生涯适应力就是个体联结到社群以及建构他们的生涯时的适应历程。也就是说，个体是不断变动的历程，环境也是不断变动的历程，因此当个体联结到社群环境时，其建构的历程是一直在进行着的。生涯适应力包括四个面向：生涯关注（careers concern），即关注自己未来职业的样子；生涯控制（careers control），是一种对未来的控制感，是否可以拥有自己的未来的提问，还是未来操控在别人手中；生涯探索/好奇（careers curious），对于主动探索环境与搜集相关信息的能力；生涯自信，是否相信自己可做得来。而具适应性的个体应具备：变得越来越关切职业未来与生涯方向；越来越增加职业未来的个人控制感；经由探索自我与未来蓝图的可能性，而展现出生涯好奇；提升追求个人抱负的自信。

在生命主轴方面，人们会倾向于将职业视为他们想要成为的那种人；刚进入一个职业，人们寻求的是自我概念的落实；等工作稳定之后，人们要寻求的是潜能的了解与自尊的维持。这个部分可以透过生涯的叙说来进行生命主轴的建构。

2. 课程主轴的安排设计与实践

由此 18 周的课程主轴设计与期待学生习得的知识与能力，共分为四大项：

（1）零工经济下的斜杠人生（提升生涯适应力）

这个部分一方面是透过老师自身职涯的斜杠发展行动与相关知识的导引讨论，让学生了解未来产业发展趋势、全球化处境中的生涯模式改变、零工经济的样貌、斜杠人生发展的可能性，以及在这样的趋势下，如何用新创事业的角度来增加自己的竞争优势，及面对生涯风险时的准备；同时透过学生的合作学习，共同发现想象在产业趋势下可能有的新创工作/产业；并让学生在自我反思中想象可能斜杠生涯样貌，以及肯认自己的竞争优势。

(2) 时间线与生涯叙说（生涯动力与生命主轴）

这是最费力与消耗能量的课程安排，必须基于良好且信任的师生关系，作为教师的我清楚地站在协作者与教练引导者的位置上进行。因为学生人数的关系，我将学生分成两大组，并且再三叮咛学生做好心理准备，同时必须认真而专注地聆听别人的时间线样貌，透过既个别又集体的方式，带领学生用身体与空间作为时间线（Time Line）① 的分享与呈现。时间是一种主观经验，我们可以用视觉的表征来建构内在的时间知觉，并且会将其组织成特定的结构与特征，也就是说，我们对于时间会有各自不同的编码方式，并且将之串连起来，成为时间线。

而时间线的觉察，可以反映现今可能有的生涯困境，同时透过时间线的调整，可以松动原先僵化的圈限，使得我们的生涯选择有较大的自由性。因此，除了课堂中邀请每位学生到台前来分享呈现之外，我也请同学用图示的方式画出他们特有的时间线，并依照学生不同的生涯议题给予生涯叙说作业，大部分同学是书写过去5—8 件生涯事件，而这些事件是形塑你成为现在的你的重要人事物。

(3) 职场软实力的提升（职业性格与生涯适应力）

在了解产业发展趋势以及自身的生涯议题之后，接下来就是与职场接轨——发展进入职场的软实力，首先是“职场实务专题讲座：实习的心理准备与历程”；“认识你理想中的职业：职业访谈”，以进一步了解你未来想从事

① 首先，请你发挥想象力并用手比出你的昨天在哪里，可能在你身体的前方、后方或者左边、右边，尽可能用一种具象化的方式呈现出来。找到你的昨天之后，那你的前天、一个月前、半年前、一年前，甚至更久以前又在哪里？用线把它串连起来。接下来，你的现在在哪里？未来在哪里？用你的直觉把它找寻出来。连接你的过去、现在，以及你的未来，不一定是直线方式，可能是曲线，也可能是任何形状。

行业的工作内容、辛酸与需做的准备；“MAPA 职业性格量表”的施测，透过职业性格的测量，当不受限于能力时，可能适合的工作类别有哪些？并提醒学生兴趣是一种可能性，具有动态的发展特质；“求职实务（一）：履历自传怎么写?”，透过再三退件的方式，严格要求学生一定要写出合格的履历自传，以发展自身的品牌力与营销力；“求职实务（二）：模拟面试”，要求学生着面试服装，三人一组进行模拟面试，面试官需要针对面试者的履历自传以及面试表现决定是否录取，并提供精进的意见回馈。最后安排“职涯软实力（一）：你的服从性有多强”，以及“职涯软实力（二）：抗压性”，透过心理测验让学生检视自己的服从性以及抗压性，保持自己的优势，同时加强学习较弱的软实力。

（4）学习成果汇整与展示

学生可以从职业访谈、时间线与自我生涯故事、生涯课程反思叙说三选一，进行期末的成果报告展示。此时的教师并不是站在评量者的角色，而是提供一个开放的学习空间，鼓励学生用个别的方式展示学习成果。

（二）在职涯课程中所开展的关系教学法

回到行动中的关系教学法，所有学生在进入职涯课程之前，就已经是一种“多态存有”状态，学生带着自身的家庭经验、学习经验、交友经验、打工经验以及自我的状态，进入教室课堂中，课堂中的学生不仅仅是学生这个角色而已，而是一个具有丰富生命经验的关系主体，面对这样的关系主体，格根说“只有当学生与老师有相互投入与积极参与，才会有教/学的交互历程”（宋文里译，2009：245），因此，作为一个教师，我如何可以有更多的投入与参与是重要的一环。

除了教材的准备之外，我一定会在开学之前一一阅读学生们的名字，这门职涯课程开设在大三，两年前我教过他们观光心理与行为课程，其中还有 12

位同学是我的专题生（约占四分之一），因此我对他们的熟悉程度算高，我依旧会一一读着他们的名字，想象他们在课堂中的样子，我相信透过这样的真心交流，我们可以更快进入教室与课程的共创历程中。

格根（Gergen，2009：247－269）提出“行动中的关系教学法”，并依四个关系圈来说明不同的教学策略与行动，分别是师生关系、学生之间的关系、教室与小区的关系，以及教室与世界的关系。而在职涯分析与规划课程中，我认为“关系圈”应该发生在教师与学生之间、学生与自我之间、学生与学生之间，以及学生与职场和世界的关系①，接下来我将依照自身在教学现场的教学策略来与格根的论述进行对话：

1. 参与圈一：多元师生关系的实践

诚如前面所提到的教学信念，我相信关系互动与自身体验是教室中重要的元素，也是学生得以有所学习与改变的关键。而这两个元素得以呈现最重要的就是师生关系的经营，除了记得学生的名字之外，并初步了解学生的相关经验之外，我的实践倾向与格根所提“认知的师徒关系、协作/教练、友谊”等三种实践方式较接近②。我们先来看看他怎么说这三者：

在认知的师徒关系实践上，格根受到维果茨基（Vygotsky）发展观点的影响，认为人类的思想大部分是社会对话的反映，因此思维发展的主要关键就是能够适应社会交换关系，在这个脉络下，师生关系才是学习的基本来源，最有

---

① 格根所说的第四个参与圈，是教室与世界的关系。

② 在教师与学生之间，格根提出了对话教室、认知的师徒关系、解放/培力、协作/教练，以及友谊等五种实践方式。对话教室的经营和解放/培力的实践，是我在技职体系的职涯课程中，比较难达成的。就对话教室的实践来说，他认为以共同行动来创造真与善而言，比较好的教学法是对话，对话可以是辩论形式、可以是充分参与式的交换（引自宋文里译，2016：416）。关于培力与解放的部分，Gergen认为从关系论的角度来看，必须审慎处理批判这回事，尤其解放与培力视学生为积极的行事者，而批判运动难免会倾向于强化政治的紧张（宋文里译，2016：418－419）。

效能的老师就是既能分享也能关切者，老师要分享的不只是知识的内容，更要分享的是如何实践与行动（引自宋文里译，2016：417）。

将教师隐喻为学生发展的协作者或是教练，在此观点上，格根认为这依旧是站在传统师生中心的立场，认为学生有强烈的学习动机与向上发展的目标，教师在旁提供相关资源；然而，从关系论的角度来看，不论学生把精力投向何处，都要被视为是一种因关系而来的情态。这样的关系角色重点不在于提供全部的资源，而是把学生导引到他们自己已经投注心力的目标上。

至于友谊的实践方式，格根认为“最有效的教育必诞生于师生之间的友谊关系”，亦即肯认了教育过程中，相互的关怀与照料所具有的潜能。他在此强调多种多样的方式可以使师生关系变得更丰富，在这样亦师亦友的关系中，是一种开放共创的过程，关系会不断地变动，可能成为推动学生前行的协作者，或成为两肋插刀的朋友。

关于师生关系这个议题，社会建构论不只强调教学材料要能引起学生的自主性学习，更特别重视师生与同侪的互动的价值（Maxim，G. W.，2006），我认为现今所盛行的各种创新教学法，无论是欧美国家影响的翻转教学、磨课师，或是由本土老师所开展出来的学思达教学法（张辉诚，2018）、PTS 教学法（分段式学习、主题式教学、社会化互动环境）（夏惠汶，2017）、BTS 教学法（叶丙成，2018）、MAPS 教学法（王政忠，2016）、学习共同体（吴俊宪等，2018）等，其重点都放在如何发展出具有学习成效的“教学的方法与步骤”，却忽略了关键前提——师生关系这个参与圈。

回到职涯这门课程所开展出来的师生关系，我会用“认知的师徒关系”以及“协作的陪伴/导引者”来命名。因为熟识之故，让我们彼此在进入课堂之前就已经有关系存在，诚如格根所言，关系是在太初即有者（in the beginning is the relationship），虽然说每个人都是生活在关系网中，但是人与人之间的相遇行动，是否能引发彼此生命的联结，是种人生机缘（encounter）

（Bandura，1984）。课堂中的学生是否可以因为课堂的相遇与共同行动，而开启生命中的关系路径（relationship pathway），朝向更积极的未来，的确要看机缘。

机缘的发生看似是一种无可控制与预期的缘分，但是如果没有关系的经营与对生命的投入，机缘将不会轻易发生。因此在第一堂课中，我严厉地要求他们认真投入课堂中，并透过斜杠生涯的实践行动分享，就是清楚地宣告教师本身期待建立一种认知的师徒关系与协作的陪伴/导引者关系，同时也邀请学生要积极地投入共同行动中，以创发更多的可能性。

生涯作为一门自身的学问，在第一堂课程中我允诺学生会用我的专业，提供既集体又个别的生涯引导，我相信每位学生都是关注自己的，当我愿意用我的专业经验来陪伴与引导他们所关注的生涯困境或是生命议题，我相信学生是愿意投入的，一位学生在学期报告中这么说着：

第一堂课

第一次上课老师就开门见山地说，因为我们大三了，所以会比以前还要求，会有更多作业，其实我自己是没差啦，因为我都会交。

大概都在说这学期会上什么课，其中比较印象深刻的是，之后会分成两组来上课，听说，可以让自己更了解自己的状态及未来的规划发展，让我好兴奋啊！

老师还说他在外面帮别人上课收费都很贵，我们很幸运修到这堂课，要好好把握。

最后有做一个课堂小分析，分析结果我是成长型，其实我也忘了那是干嘛的，就是之后会成长，要好好保持这种心态。

站在“认知的师徒关系”与“协作的陪伴/导引者”立场，我对于课程与学生的投入行动，同时引发着学生的期待与共同行动。而在强调生涯动力与生命主轴的“时间线与生涯叙说”课程中，是我投入最多的时刻，当我邀请每位同学一一上来用身体动作比出自己“时间线”时，我们在一个信任的关系上，彼此互相交流，汇流成一个协同前进的空间与力量。

“时间线”用于集体性的生涯议题探究上，最大的好处就是学生不用在此时此刻揭露自己太多，只要用动作比划出自己的过去、现在与未来，并且串联起来就可以；而我会尽可能地用我的心理专业能力给予回馈与生涯的导引。当关系处在一种真诚的交流状态时，有时候不需要太多言语，就有可能触发生命的感动、或是引发行动的力量；在过程中，我同时是被学生感动着，有几位学生在比划自己的时间线时，就如触动生命的某种开关而啜泣，或是在我开始回应时，掉下疼惜自我的泪珠，我一一响应着，同时邀请台下的同学们也一起参与这样的过程，或是听着、或是看着，透过别人总可让自己有所共鸣、有所学习、或者有机会回看自身，虽然我无法知道所有同学的心情与思绪，但是我感谢他们的共同投入参与，让我们可以好好地认真走过这两周四个小时的相互陪伴。

2. 参与圈二：学生与自我的关系

这是一门关于自身的学问，学生带着自身的多态存有进入课堂中，势必会在学习过程中不断与自我碰触，在课程设计中透过“自我反思”与“自我生涯叙事”来让学生看见自己并与自我进行对话。关于“自我”这个议题，受到建构论与后现代思潮的影响，我不认为自我是一种实体性的存在，而是具有建构性与流变性历程的样貌，正因为这样的建构性与流变性，学生得以透过反思的历程重新诠释并形塑自己。

“自我反思”的相关议题包括：你是属于“成长型”还是“定性型”？面对不断变迁的产业发展趋势，你的创新 DNA 有多少？未来 10 年可能的斜杠人生是如何？你的竞争优势有哪些？如果要重来，你的人生会如何发展？我的服从性有多高？我的抗压性如何？虽然我不是很喜欢心理测验，但是在50人的课堂中使用简单的心理测验题目，让学生们可以进行反思，是我会使用的实践策略，像是“成长型”、创新DNA、服从性以及抗压性……，尤其是抗压性的七个指标中，我希望学生可以思考的是如何加强自己较弱的部分，以增进自己的生涯与职场适应力。

而“自我生涯叙事”则是在完成时间线的分享回馈之后，我让学生书写的作业，透过书写整理过去、现在与未来样貌，同时写下过去发生而影响现今的生涯事件，以让自己朝向未来。自我是在关系中（Gergen，1985），所有这些影响学生的生命经验，都是包围在关系中的，尤其是家庭的期待或是家人的影响以及就学期间同侪关系的影响，这边以思儿的时间线来呈现学生与自我的对话与反思样貌（如图三）：

图三　思儿的时间线与自我反思

思儿把出生的时间线放在心中，她这么写着：“表示我很重视家庭，在未来可能会为了达到父母的期望，背负这样的期望而放弃自己真正想做的”，这段话是我给她的回馈，课后她告诉我，实际状况是她小时候身体不好，耳膜破裂到几乎丧失听力，是妈妈带着她到处求医，她很感谢家人带给她完整的爱。“可是老师，我的家人没有给我什么压力，我想做什么他们完全支持我”，思儿再一次澄清自己的状态并且感念家带给她的幸福与爱。

在课堂中，思儿是个非常认真的学生，但是其实观光系不是她的兴趣，她也非常清楚知道未来不会走观光这条路，因此她积极地参与外面的活动，投入很多心力在其中，她的现在“在手中”——“代表很把握当下，也觉得人生要掌握在自己手里，而不是随波逐流”，关于这个部分，她的确是很认真地在过好每天的日子，而且很有自己的主张，有可能是小时候生病的缘故，因此她想的事情都比较长远，比同年龄的同学来得成熟，有自己看法。而她的未来在她的正前方，她写着：”目前给自己很多压力，不过我认为这样也不错，至少我现在就开始紧张而且正在做准备”，这是一段很自我激励的看法；同时也是我在第一堂课程中想要做的事情，那就是增加他们的生涯焦虑与紧张感，因为适度的焦虑感提升，可以让他们意识到生涯发展这件事情的重要性，并且提早开始准备，思儿就做了很好的自我实践。

3. 参与圈三：学生与学生之间的关系

大三的学生已经发展出各自的朋友圈，课堂中希望他们可以发展出更多有意义的关系。格根认为想要培养出学生之间的关系过程，就是要把多重的世界放进可以相互参照的坐标里，以及让区隔的阶序由相互赏识来取代，在这个意义分裂不已的世界中，学生也能学会翻墙越界的本事（宋文里译，2016：423）。

协作教室是格根提出关于学生与学生之间的实践方式之一（宋文里译，2016：423－428）。协作教室强调的是学生之间的知识分享，这种分享使学生能够吸收彼此的特长，来建构他们的行动与关系模型，也让他们有能力参与更大的关系范围；而能够分享与共享的学生乃是多态存有的最主要贡献者。同时，如果在教室中学生能够学会发展及维持感情上有意义的关系，这就和学会其他有效实务技能一样重要。

协作教室的操作和合作学习法所欲达成的目标一致，合作学习法是立基于社会建构论的主张，认为学习是透过不同观点之间互相协商的合作，分组的合作学习正可以在协商过程中，透过他者的映照，建构自身的生涯样貌。而张新仁（2015）也指出，分组合作学习是一种教策略或方式，透过组员间彼此互动一同讨论、探索及解决问题，是强调学习者为中心的教学型态。

课程中透过不同主题的分组合作学习，包括：在未来产业发展趋势下相互讨论，以激荡创发可能的工作职称；在“模拟面试”中，透过面试官与面试者的角色转换，共同营造一个相互学习的空间。另外在“时间线与生涯叙事”的课堂中，则是属于协作教室的方式，透过集体多样性的生涯面貌展现，在差异中学习、在相似中共鸣；生涯叙事的协作方式，我还邀请部分学生将书写完成的生命故事，与班上信任的同学分享，请其站在第三者的立场给予回馈。期末专题报告的展示，不管是选择生涯故事报告、职业访谈报告还是全学期的生涯课程反思叙说，对学生来说，都是一个互相学习与聆听的机会。

在此以“模拟面试”的课堂进行，来说明协作教室中“合作学习”的实践样貌：既然是协作教室就需要进行较多的准备，首先邀请学生做足模拟面试的心理准备，当天必须准时并且着正式服装前来上课，带着完成好的履历自传；上课当天一开始，作为教师的我即开始营造认真而严肃的氛围，宛若面试就要真的进行，请大家共同脑力激荡“面试官会问哪些问题”，并将这些问题一一写在黑版上；接下来将所有学生分成三人一组，尽可能以不熟识的同学为一组，以扩充他们互相学习的机会。

分组完成之后，请学生们先协调谁要先当面试者，确认之后即请各组面试学生到教室外面的等候区等待，两位面试官则开始布置面试区域、阅读履历自传、相互商量彼此的分工，每位面试官手上还会有一份“模拟面试评审单”，要在面试结束之后给出回馈以及决定是否录用，所以每位面试者会拿到两份回馈单，以供他们参考。这个模拟面试的进行不仅让学生印象深刻，同时也在面试官的回馈中有所学习：

> 虽然只是个模拟面试，但是我那天超级紧张的，而且也没把服装穿得很整齐。在模拟的过程中，面试官也说我很紧张，不过还是有把积极表达自己的话说出来。我也发现我那天的坐姿也需要再改进一些，心情上也不要那么的紧张，这些都是给自己在未来的面试一个警惕。(高妍)

4. 参与圈四：学生与职场和世界的关系

技职体系的学生几乎都有打工的经验，但是作为“工读生”和正职工作者的心态毕竟不同，“职场”是一种未来的想象样貌，课程中能做的就是增加与职场和世界接轨的管道，有三层次的安排，一是对于“未来产业发展趋势以及生涯发展模式”的知识传递，二是透过“实务工作者的讲座分享”以及“职业访谈”让学生可以进一步接触职场的样貌，三则是透过履历自传的书写和模拟面试，让学生做好预备的方式。

关于与职场和世界接轨的三层次安排，首先是对于未来产业趋势发展以及生涯发展模式的讲解与分析，让学生们知道在AI科技产业的发展下，对服务业以及其他产业的影响，为了让学生们除了知识性的理解之外，有更深一层的认识，在我讲解完成之后，透过分组合作学习与脑力激荡方式，让学生讨论在产业发展趋势下，可能有的工作想象。除了产业趋势之外，如何让学生能够更贴近现今的职涯样貌，我同时以“你有生涯可言吗?”以及“零工经济下的斜杠人生”（Mulcahy，2016）作为说明，让学生得以进一步理解与思考。

在第二层次则是透过“把职场挪到教室中”的方式进行，除了邀请业界的讲师来进行分享之外，“职业访谈”也是学生可以靠近职场的方式之一，学生可以依照不同职业类别进行题目的设计与安排。在期末报告中有一位想要从事旅行社业务的学生，在进行职业访谈了解他们的工作内容之后，反而重新思索“这真的是我要的工作吗?”“我有办法胜任吗?”，我欣喜学生有这样的重新认识与思考。

至于第三层次的履历自传书写与模拟面试已经于前一部分详细说明，学生透过求职行为以进入职场工作，而求职行为包括“书面”与“人际”，前者就是履历自传的书写，在课堂中，我严格要求每位学生要有客制化的履历自传书写，并且不厌其烦地退件，直到完整为止，目的就是希望在跟职场接轨的时候，有最好的准备与最佳的开始；“人际”的部分则是面试，模拟面试就是希望让学生在实际面试中有最好的表现。

四、共同行动的汇流：关系与意义的共创历程

在这里我要用三个共同行动的汇流，来说明因这个课堂而发生的关系与意义共创历程：

（一）在休学与创业中抉择的恺

恺高职念的是汽车科，后来大学转念观光休闲系，他大一开始就摆荡在休学与否之间，可是因为口语表达与个人能力特质之故，常常在全国性比赛中得奖无数，一次下课他来找我，很认真地跟我说：“老师，我决定要在大三下学期休学，开始回去家里经营的农场创业，我想要早点开始，可是我又不确定。”

我清楚记得他的时间线是这样画的（如图四）：他的昨天和未来分别在他的左右斜前方，意味着昨天发生的事情在他心中所占的分量等同于未来，因此昨日的美好与未来的憧憬都同时占据他的心思，也因此他容易摆荡于两者之间，一方面享受大学生活的美好，一方面又渴望赶紧去创业，因此很容易分心。有意思的是“当下在脚尖”，那是一种不稳的状态，而且对于往前跃跃欲试，整个人的状态似乎被昨天以及未来牵拉着而前倾；过去明显在背后，和昨天的关联性不强，因此对于过去生命经验的积累，还没有形成足够的实践知识与支撑力量，可以让他有信心地往未来发展。

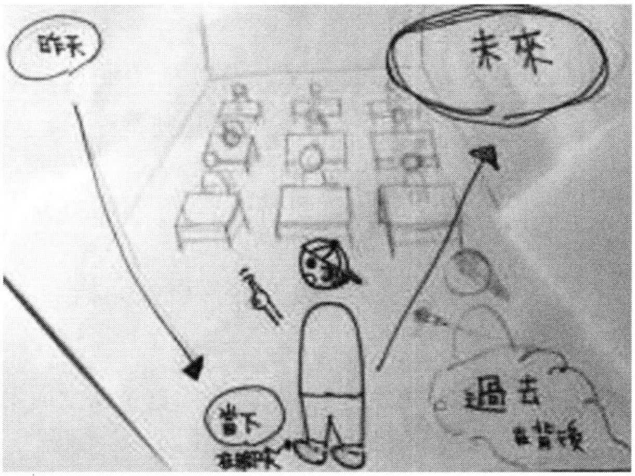

图四　恺的时间线

因此当他来找我时，我问他一句话：“你想要休学，是你想要离开这里，那么你在心理上准备好要面对创业这件事情了吗?”恺犹豫了很久，无法给出“准备好”的答案，因为他只知道他从大一就开始想要休学，却一直无法如愿，他没有让自己有较多的准备朝向未来，虽然未来的目标清楚，但是在心理上以及能耐上都还需要慢慢准备，我在时间线以及当时的交谈状态中，让他看见自己现今的状态，他“懂”了自己的冲动与不甘心，决定好好享受剩下半年的大学生活，创造更多精彩与丰富，同时大四那年回家实习，在实习中慢慢培养自己在经营与营销休闲农场所需的能耐。当天谈完之后，我收到他的讯息：

老师，今天真的很谢谢你给我的建议，我很不甘心没办法休学成功，也庆幸老师有把我拦住，我确实还没有做好准备就想冲出去了，接下来的我会运用剩下来的半年去过精彩的大学生涯，并且准备好接下来事业，扎稳脚步，踏出最有自信的那一步。

这是我们共同行动的汇流（如图五），带着我们原先的多态存有，我站在一个“协作的陪伴/导引者”的位置（参与圈一），与学生在生命河流中的此时此刻相遇，学生对于生涯的抉择，愿意看见自己的状态（参与圈二），并朝向与职场关系的联结（参与圈四）。此时，彼此的关系是生机性的，而学生在面对未来世界时，也开展了具有生机性与延展性的关系路径。

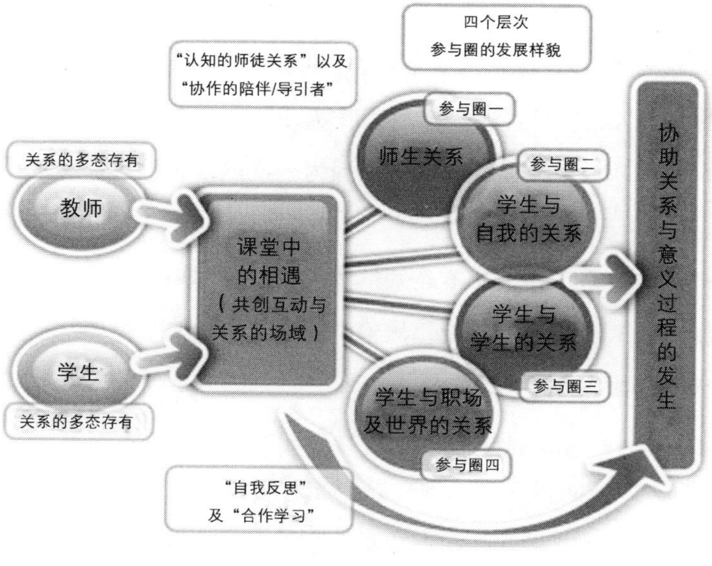

图五　共同行动的汇流：四个参与圈的关系与意义发生

(二) 朝向斜杠人生的思儿

思儿很清楚地知道自己未来的工作不会仅限于观光休闲产业，因此从大二下学期开始积极参与校外的志工活动，与基隆的伙伴团队一起办理在地关怀与推广活动，学习“营销”与粉丝业经营的工作内容让她收获很多。

带着自身的志工经验进入课堂，她说：“我很喜欢心理学的相关课程，上学期的职涯课程，我很认真地做每一个作业，因为我希望能更清楚自己未来的方向。”大一时，我上观光心理与行为课程时，思儿因为刚上大学爱玩，翘了几次课，在我特别关注提醒下，后来非常认真地参与课堂并缴交很棒的报告，让我印象深刻。

在大三的职涯课程，她对于零工经济下的斜杠人生特别感兴趣，我请大家写出“未来10年可能的斜杠人生”时，她洋洋洒洒写下“1. 旅游体验师；2. 专栏作家；3. 创造文创商品的艺术者；4. 摄影师；5. 养老院志工；6. 影片剪辑者；7. 政治幕僚；8. 社会运动参与者；9. 日式冰店老板；10. 举办音乐祭、文创市集的策划人；11. 演唱会幕后工作人员”，这些或是她有兴趣的，或是正在从事的工作。对于斜杠的想象，也因为一次的演讲课程有所开展：

> 而我也发觉到原来并不是做很多不同职业叫斜杠，而是能够在各种有关联性的职业投入其中，并让他们串连起来，让自己更强大，这样的斜杠人生好像更具有意义。

“关联性”的横向串连，让她打破原先对斜杠的想象，也让自己进一步思考如何可以更有意义。思儿让我印象最深刻的是，当我教完履历自传的书写原则，隔周她就带着一份极为细致而精美的履历表前来，说要去应征一份演唱会的志工人员，她的精心制作让我赞美有加。履历表作为一种个人品牌力的象征，她可以如此认真地打造属于个人的品牌，就已经是很好的自我营销了。

任何一门课程对学生而言，就是生命流的一部分，这门课程正好在适当的时机，提供给思儿最好的学习机会，因为需要，所以她用心投入课程中。作为一个协作的导引者，思儿参与了师生关系、教师的斜杠人生实践行动，让她有所向往；同时她更参与了与自我的关系，思考与尝试不同的职业体验；在与职场的关系上，虽然还是有很多的未知，但是透过个人履历品牌的打造、对于斜杠人生的职业访谈，她与职场和世界的关系又更进一层。

（三）挑战自我极限的小梦

最后，我要回到这篇文章的一开头，小梦的期末报告，我一直很好奇：是聚足了怎样的因缘，让小梦会选择在这个课堂的期末报告做了个不一样的报告？而这样的报告又创造了什么新的意义与关系状态？

> 我其实挣扎了很久，因为我很怕看别人，也很怕上台，但是我想要给自己一个挑战，选择不在意别人的眼光，我相信自己可做得到！其实要报告之前我紧张了好多天，也拿着写好的稿子练习好久，虽然最后都没有照着稿子说。

小梦是个早产儿，身体不是很好，因为爸妈在自己四岁左右的时候离婚，自己是被爷爷奶奶带大的，从小只有看别人给自己什么，从来不会说“我要什么”，再加上爷爷奶奶很重男轻女，对弟弟很好，她说：“我宁愿被打，也不愿意被奶奶的语言伤害，因为言语的伤害很难好！”这让小梦很没有自信，也很怕直视别人，因为觉得自己是个多余的、没人爱的孩子。

初中是个痛苦的阶段，还好小梦遇见了现今的男友，生命当中第一次觉得“被需要”与“能被爱”，这让一直觉得自己是“多余”的她有一种重生的感觉，虽然她认为“真正的重生是最近的我”，但是男朋友给她的那种“被看重、被需要”的感觉，撑着她走过生命中的低潮，她也想着未来要和男友建立起一个“稳定”的家庭与生活。

谈到“稳定”，让我印象非常深刻的是，我在谈零工经济时请学生写下“零工经济对你的影响是?”几乎所有学生都觉得要积极学习面对零工经济可能带来的影响，或者认为那可以带来多元的开展与可能性，唯独小梦这么写着：“我是个追求稳定的人，零工经济太过于自由，会让我心怀恐惧感。”我知道那是因为从小处在一种不完整家庭的状态下，小梦想要追求的就是安稳的生活，但是她写“会让我心怀恐惧感”倒也让我有小小的担心，我在课堂中念出这段话，同时看着坐在台下的小梦，想着她可能有的恐惧感，我说：“那你未来很适合去找类似公务人员这样的稳定工作”，她有点不好意思地笑笑回应我。

就是因为这样的印象与了解，所以才让我对于她期末时一上台就说：“今天我想要做个不一样的报告!”惊讶不已，很想知道究竟是发生什么事情，可以让她鼓足勇气，真的做了个不一样的尝试。那是她的牛排店打工生涯与职涯课程的相互结合碰撞，所激荡开展出来的。

牛排店因为经营得很好，老板于2018年年底开了分店，因为小梦的努力尽责与能力备受肯定，于是老板有意请她担任分店的外场主管，在这之前，其实小梦常常抱怨自己的工作累，几乎都是一人撑全场，然后也很焦虑，担心自己不能胜任这个新职务。很多事情是在一瞬间的转念，随着分店新职务的到来，小梦爱上了“冲”的感觉，因为分店事情很多，她发现自己在带新人以及店中事务都可以愉快胜任，甚至她没有上班的时候，还会有常客会问说：“你们那个笑得很开心的小姐呢?”她形容这段期间工作中的自己，是有自信的，并且享受这样的忙碌，同时也发现自己是发自内心地笑，那是一种具有感染力的快乐！

而在职涯课堂中提及抗压性时，她发现自己在新环境很容易怕生，同时自己的沟通能力需要加强，因此她就利用上班时间挑战自己，让自己多与客户沟通，并且训练自己的记忆力，不拿菜单记下每桌客人的点餐，即便在结账时她都还可以轻松地说出客人吃了什么，这增进了她与客人之间的关系，甚至客人下次再来，她也还能记得客人的喜好。这样的自我加强，我不得不佩服她的行动能力，而在工作上可以游刃有余的她，更希望自己在班上同学面前可以再一次地挑战自我。

而她真的做到了，如同她自己在报告最后所呈现的："其实我更想说的是，我做到了"。她说"我现在 20 岁，我选择面对我的人生"，虽然当天下台之后，她整个人依旧处在紧张到不行、甚至有点虚脱的状态，但她很开心她终究是做到了。而且她对于未来也有所改变，她像要创造并且期待机会的到来，而不仅仅只是过个安稳的生活而已。是的！小梦的生涯正要起飞，而她也正在飞翔中。

我问她在完成报告之后，同学给了什么样的回馈。"你很勇敢，你做到了！"我想这对她来说是很大的鼓励与肯定。我也问她如何看待在课堂中作为教师的我，她说："见证者，你见证整个事情的发生"，同时她说我开创了一个"懂"的空间，她相信我能懂她的痛，能够理解她想要表达的是什么，同时她也相信我会用同理的心态来看待她，在这样"懂"的氛围中，她更有勇气为自己创造/选择一个自我挑战的空间。对于这样的回馈，我也很谢谢她的"懂"我。

（四）不同参与圈中关系与意义的开创

在此，我要用图示（如图五）以及简短的话语来做个小结。作为"职涯分析与规划”课堂的老师，一开始我就不认为可以为学生们带来因果关联的影响，也无法期待学生们上完课程就可以对自己的未来有个清楚的方向，我期待的是，他们可以透过课程拓展与师生、自我、同学、职场和世界的关系联结，并且开创更有意义的人生过程。当然我只能努力协助关系与意义过程的发生，有些学生与我之间是弱联结，或者他们现在的重心在社团或工作上而选择很少进入课堂，我也仅能祝福他们。

在这篇文章中所呈现的三个共同行动的汇流，我们都经历关系与意义发生的美妙过程。如图五所示，我们都是带着多态存有的状态进入这个课堂，在课堂中的相遇，我们共创了互动与关系的场域，我透过生涯建构论的理论基础来进行课程设计，并站在“认知的师徒关系”以及“协作的陪伴/导引者”的教师位置上与其互动；学生们则需要投入课程进行自我反思与合作学习，以完成他们的任务。

而四个参与圈会有不同的关系联结与意义的开创样貌，就拿小梦来说，她把我放在“见证者”的位置（参与圈一），在她相信“我懂”的状态下，她同时为自己撑开一个“自我挑战”的空间（参与圈二），而面对同学除了是支持的关系之外，她更希望展开另一种自信并且带给别人影响的关系样貌，在同学们的“你很勇敢，你做到了”的回馈中，她开展了参与圈三的关系与意义发生。

至于参与圈四，与职场和世界的关系，她透过职场实践行动与职涯课程的相互结合，让自己在职场上展现自信迎向挑战，这些都是不同层次关系样貌与意义的开创。“我做到了”成为最佳的实践行动，而关系与意义的发生在彼此的人生路上还要继续发生着。

五、讨论：教学实践之体验与反映回观

最后，关于职涯课程教学实践的整体性反思，我提出下列几点值得进一步

思考的议题：

1. 随着产业趋势变化、职涯知识的不断出新，教师必须跟上时代

因应全球化的发展趋势，产业变化迅速，新兴产业不断出现，新的工作职缺也随之出现，同时旧的职缺也不断消失；除了产业变化快速之外，受到后现代思潮的影响，职涯知识的建构也不断翻新，因此教师必须要花更多时间吸收新知，以跟上时代。

另一方面，面对观光休闲产业的变化，因为我的专业是心理学与职涯，对于观光休闲产业虽然有进行跨领域接触，也努力参加研习与拿取专业证照，但是因为毕竟缺少休闲产业的实务经验，必须透过不同产业类别的实习探访，更了解学生所会进入的实习与工作领域，而这样的经验是需要时间积累的。对于一个从专业领域跨域到生涯专业的授课教师来说，也需要不断接触职涯相关知识，才能增进自己的专业知能。

2. 如何因应学生不同的状态（多态存有），进行课程的设计与安排

在以关系为导向的课堂经营中，学生与教师在进入课堂之前都是一种多态存有的状态，如何快速理解多数学生的状态与需求，则变成了教师的重要功课。这次的课程因为开设在大三，在大一以及大二都有接触的基础下，了解他们显得容易些；另外透过生涯适应力量表的施测也是了解全班的方式之一。而在课程设计上，如何因应每届学生不同的状态而有不同的课程安排，也是重要考虑之一，像这次“职涯分析与规划”课程中的“敢与奴”主题，就是在课堂中发现不少学生的服从性似乎还蛮高的，因此安排了这个主题。

当然，因为学生的异质性高，并不是每个主题都适合每位学生，而教师也

必须能够接受学生在教室中也呈现多态存有的情形，如：总是有学生专注于社团或是打工，而忽略了学习，作为教师的我，也必须考虑其不同的学习状态。另外，关系的契合性也是重要的考虑因素，陆洛、翁克成（2007）用传统性与现代性以及人际契合的观点看待师生关系的契合性，发现学生知觉老师的现代性是预测良好师生关系的有效因子，因此如何增加教师本身的现代性，以及如何进一步考虑“师生关系的契合性”是未来相关研究可以进行探究的。

3.“关系”成为最重要的议题，但是要花费的时间相对多

“关系”本来就是个复杂的议题，当教育的基本单位是“关系”时，如何经营关系并且共创关系与意义发生的过程，对于教师而言是一个学习的过程，同时要花费的时间与能量都相对来得高，像是透过“时间线”来谈生涯设计这个议题，就需要有高度的专业性和专注度才有办法与学生进行深度的交流，但是也有回馈错误的可能性，然而即便如此，也开启了与学生对话的空间。

另外，教师得要认清“关系”的多样性与限制性，就如格根所说的，关系可能会中断或者无法继续发展，这些都是教师与学生们必须要共同学习之处，并且在学习过程中让意义得以发生与开展。

4. 教学实践知识建构的重要性

教学不仅仅是“knowing-that”的理论知识，也不仅仅是“knowing-how”的技术知识，更是一种实践性知识的建构历程。我在二十余年的教学历程中，的确是会不断调整教学方式以及教学内容，透过系统性地整理并把知识性的教学内容与教学现场中学生的反应互相交融，成为书写的内容，这对我而言，是在建构自身的教学实践理论。

另外，我在书写过程中，更完整地整理自己职涯课程一路走来的教学实践建构历程，同时在一一地仔细咀嚼、书写着学生的作业回馈以及学生在课堂中的变化情形，这让我更体会到透过反思与书写建构教学实践性知识的重要性。如果每位教师都有机会进行这样的反思，那么自会建构出属于每位教师的实践知识。

参考文献

王政忠（2016）．我的草根翻转：MAPS教学法．台北：亲子天下．

金树人（1997）．生涯咨商与辅导．台北：东华．

吴芝仪（2000）．生涯辅导与咨商：理论与实务．嘉义：涛石文化．

吴俊宪等着（2018）．教师专业发展新取径：学习共同体与翻转教学策略．台北：五南．

夏惠汶（2017）．PTS教学法：微型社会中的主题式教与学．台北：学富文化．

陆洛，翁克成（2007）．师生的心理传统性与现代性、关系契合性对师生互动质量及学生心理福祉的影响。本土心理学研究（27），81—118．

张辉诚（2018）．学思达增能：张辉诚的创新教学心法．台北：亲子天下．

张春兴（2013）．现代心理学重修版．台北：东华出版社．

张新仁等（2015）．分组合作学习—百宝箱．教育部．

叶丙成（2018）．为未来而教：叶丙成的BTS教育新思维．台北：亲子天下．

Kuang，S.（2017）．“斜杠青年”：全球职涯新趋势，迎接更有价值的多职人生．台北：圆神．

Gergen，K. G.（2009）．关系的存有：超越自我．超越社群（宋文里译）．台北：心灵工坊．

Savikas，M. L.（2011）．生涯咨询（郑世彦等译）．重庆：重庆大学出版社．

Arthur，M. B.（2008）．Examining Contemporary Careers：A Call for Interdisciplinary Inquiry. *Human Relations*，61（2），pp. 163 – 186.

Bandura，A.（1992）．The Psychology of Chance Encounters and Life Path. *American Psychologist*，37（7），pp. 747 – 755.

Holland，J.（1973）．*Making Vocational Choices*：*A Theory of Careers*. Englewood Cliffs，NJ：Prentice-Hall.

Gergen，K. J. & Gergen，M. M.（1988）．Narrative and the Self as Relationship. *Advances in Experimental Social Psychology*（21），pp. 17 – 56.

Lyons, N. & Laboskey, V. K. (2002). Why Narrative Inquiry or Exemplars for a Scholarship of Teaching? In N. Lyons & V. K. Laboskey (Eds.), *Narrative Inquiry in Practice*. NY: Teachers College Press, pp. 11 – 27.

Maxim, G. W. (2006). *Dynamic Social Studies for Constructivist Classrooms* (8th ed.). New York: Prentice Hall.

Parsons, F. (1909). *Choosing a Vocation*. Boston, MA, US: Houghton, Mifflin.

Savickas, M. L. (2005). The Theory and Practice of Career Construction. In S. D. Brown & R. W. Lent (Eds.), *Career Development and Counseling Putting Theory and Research to Work*. Hoboken, NJ, US: John Wiley & Sons Inc., pp. 42 – 70.

Super, D. E. (1980). A Life-span, Life-space Approach to Career Development. *Journal of Vocational Behavior*, 16 (3), pp. 282 – 298.

The Co-creation Process of Relationship and Meaning: Reflections on the Teaching Practice of "The Career Analysis and Planning" Course

Li Wen-Mei

(Department of Tourism and Leisure, Lunghwa University of Science and Technology, Taoyuan, 33306)

/ Abstract /

In recent years, Taiwan's higher education scenes have prevailed in innovative teaching methods, and advocated the "learner-centered" teaching practice, trying to reverse the past one-way teaching method. The "teaching method" is indeed an important part of the teaching scene.

However, "relationship" is an important point to inquire. When we rethink that the basic unit of education is "relationship" rather than "individual", the goal of education is to assist the occurrence of relationship and the meaning process.

This article took the "career analysis and planning" course in vocational colleges as the field of teaching practice. Through the reflection of "relationship" in the teaching field, I refer to Gergen's (2009) idea about "relationship teaching method in action" as my practical strategy, and further based on the actual teaching experience in the course, the four participation circles proposed by Gergen are modified: between teachers and students, students and students, students and self, and students and the workplace and the world. Finally, the convergence of three joint actions is used to illustrate the occurrence of the relationship and meaning process.

/ Keywords /

Relationship, Vocational colleges, Career analysis and planning, Teaching practice, Relationship teaching method in action

经历校园欺凌者的抗逆力发展研究*

李志天[1]　罗鸣春[2,**]

（[1]云南民族大学教育学院心理学系，云南昆明，650504）

（[2]九三学社云南民族大学支社，云南昆明，650031）

/ 摘　要 /

本文从抗逆力的视角出发，采取质性研究中的生命叙事法对个案进行分析，以个体 L 遭受校园欺凌的经验为例，以生命线图作为线索进行访谈，在生命线图上标出 L 成长历程中的关键事件，凭此来回顾 L 的生命故事，由此将其分成遭受校园欺凌的童年、走向极端的青春和在磕绊中成长三个部分进行阐述。探究 L 如何去应对校园欺凌及之后生命历程中的挫折给其带来的现实困境，通过 L 的生命故事以及收集的相关资料，可以了解到 L 抗逆力的发展动力来源于自身的生存发展需要以及周围环境的推动，并

* 本文是教育部民族教育发展中心全国民族教育研究课题：少数民族大学生的心理健康与教育对策研究（ZXJD18003）阶段成果。

** 通讯作者：罗鸣春，教授，博士，E-mail：mingchunluo@126. com

通过归纳 L 的抗逆力风险性因素和保护性因素来展现 L 生命历程中抗逆力的形成和发展过程，发现 L 抗逆力的发展进程与亨特（Hunter）提出的抗逆力策略层次模型相吻合，并通过资源获取与运用、行为修正和改变早期适应不良图式的过程建构抗逆力。

／关键词／
校园欺凌，抗逆力，生命叙事

一、前言

在世界各地，几乎每天都发生着校园欺凌事件，并不断有关于校园欺凌的恶性事件的报道，校园欺凌已经是一种普遍性的社会问题。联合国教科文组织于 2018 年报道，在全球校园中有三分之一的青少年正在遭受校园欺凌（张静，2018）。校园欺凌问题成为了一个备受瞩目的社会问题，需要我们严肃对待。众所周知，校园欺凌对学校、社会环境和家庭都造成了严重的不良影响，尤其是对遭受过校园欺凌的青少年。相关研究表明，有 87.3% 的学生承认遭受过各种各样的校园欺凌。（杨宏飞、叶映华，2006）对于校园欺凌的受害者而言，校园欺凌不仅给他们带来了身体上的伤害，而且也在其心中留下阴影，以至于影响他们以后的生活。但是调查发现，很多人在遭受校园欺凌后，并没有被打倒，而是得到了成长，那到底是什么让他们能够克服校园欺凌对他们的影响？他们之后又是如何应对挫折过程的呢？

虽然针对校园欺凌的研究很多，但是对于校园欺凌受害者的研究还是相对较少的。国内外研究者对校园欺凌研究的关注点大多都放在对校园欺凌的现状、解决校园欺凌的对策以及校园欺凌中施暴者的行为问题等，却忽略了遭受校园欺凌事件的受害者之后的成长历程。本研究通过个人叙事的方法了解遭受校园欺凌之后的生命历程，不仅能扩大针对校园欺凌受害者的研究范围，而且可以了解校园欺凌受害者，对其走出阴影有所帮助。校园欺凌问题正是当前学校中的一个比较严重的问题，教师与家长都为之担忧并渴望解决，通过对校园欺凌受害者的研究可以引起相关社会人士对其的关心，可为有关人员提供决策与行动指导，以期在一定程度上能够改变校园欺凌的现状，并对受害者自我成长、自我恢复提供参照，找到校园欺凌受害者自身的力量，从而希望受欺凌者能够在今后的生活中凭借自身能力走出逆境，实现自我成长。对校园欺凌受害者进行研究不仅为以后的相关研究提供了思路，也为质性研究这种方法的运用与发展提供了实例。

本研究以生命线图作为线索进行访谈，探索 L 如何去应对校园欺凌，以及之后生命历程中的挫折给其带来的现实困境，通过 L 的生命故事以及收集的相关资料，可以了解到 L 的抗逆力是如何形成的以及怎样面对挑战，深入了解其抗逆力的发展历程，挖掘其保护性因素和风险性因素，归纳抗逆力的形成与发展进程。

（一）校园欺凌

关于校园欺凌，迄今为止并没有形成统一的概念，各界对这一概念的界定是多样和丰富的。第一个提出校园欺凌受害者概念的是挪威卑尔根大学的奥尔沃斯教授，他通过对学生的调查结果的归纳，作了以下定义：一个学生如反复地或长期地成为一个或多个学生的负面行为的攻击对象，这个学生即是欺凌或迫害行为的受害者（Olweus，1993）。

不同国家对校园欺凌也有不同的定义，例如美国预防校园欺凌中心将校园欺凌定义为："任何破坏了教育的使命、教学的气氛以及危害到校方的预防人身、财产、毒品、枪械犯罪的努力，破坏学校治安秩序的行为"（戴利尔、戴宜生，2005）。美国学者亨利（Henry）认为：校园欺凌不仅指身体上的欺凌，还包括由于强行控制导致的情绪和心理痛苦，种族、性别和阶层歧视导致的人际关系伤害，以及集权引起的冲突。（张静，2001）日本文部科学省这样定义校园欺凌：所谓的"校园欺凌"是指学生在校内外受到与自己有一定关系的人心理、物理上的攻击，造成精神上痛苦的行为。（师艳荣，2010）我国台湾地区对于校园欺凌也有不同的定义，例如陈慈幸指出："在校园内，为达到特定不法行为的犯罪意图，以强迫威胁为手段，压制被害人的抵抗能力和意图，而针对学生、老师、学校以及校外侵入者之间所发生的暴行、破坏以及侵害生命、身体、财产的行为"（陈慈幸，2002）。而世界卫生组织则将校园欺凌定义为"对自己、他人、群体等广泛地使用体力或其他来恐吓，其结果导致了或最大可能导致了受伤、死亡、心理伤害、发展不良或剥夺的行为"。总的来说，校园欺凌是指在校园内及校园周边环境中，个体或群体受到其他个体或群体的身体攻击、排斥、孤立、嘲笑等行为，给被欺凌者造成不同程度的身心伤害。

国内对于校园欺凌的研究主要包括校园欺凌的现状、影响因素、危害、预防手段，遭受校园欺凌的青少年对校园欺凌的应对方式和其心理健康，以及针对校园欺凌的相关法律法规等。（王志祥，2008）从校园欺凌的发生原因上来说，城乡、是否独生子女、家庭经济条件、家庭氛围、父母学历、外来学生和学校特点等因素都对校园欺凌存在一定影响。（杨宏飞、叶映华，2006）还有一部分研究是从应对方式的角度分析如何降低校园欺凌，从而指导教师进行应对工作，让遭受校园欺凌的学生从困境中走出来，降低校园欺凌对他们的危害。有的研究以对学生校园欺凌事件进行介入作为研究主要方向，并运用相关理论与知识帮助施暴者，对学生的不正确认知和欺凌行为提出相应措施并进行纠正，通过帮助其学习正确的行为方式，指导未来的学习生活。（孙洋，2009）唐宁从法律法规的角度研究校园欺凌，认为我国对校园欺凌缺少专门的有针对性的法律法规，法律对校园欺凌缺乏威慑性，想要解决校园欺凌还是要完善相关法律法规。（唐宁，2018）储殷指出我国在应对校园欺凌的问题上存在严重的法律缺失，这种缺失主要表现在对法律保护对象的认识不到位，对侵害行为责任主体的判断不清，对违法行为、犯罪行为的界定不清等方面。（储殷，2016）

校园欺凌行为大致分为三种形式，即身体欺负、言语欺负和关系欺负。身体欺负指通过身体力量、身体动作，以此实施的欺负行为，如打人、毁坏和抢夺他人财物等；言语欺负是指通过口头言语对受欺凌者实施攻击，实施的欺负行为主要是骂人或取侮辱性的外号，讽刺取笑等；关系欺负是指利用造谣离间或社会排斥（阻止其他人和受欺负者交往）等方式使他人在同伴关系中处于不利地位。（张文新，2001）

（二）校园欺凌的受害者

在有关校园欺凌的事件中，主要有欺凌者、被欺凌者和旁观者三类人。（赵莉、雷雳，2003）研究表明校园欺凌对其受害者的身心健康造成了严重的危害，受害者遭受的是身体和心理双重的痛苦。对校园欺凌受害者的研究主要包括对相关个案受害者出现的心理问题或创伤进行介入、受害者的现状特征、其心理健康及其影响因素等三个方面。谢楠楠从校园欺凌受害者认知行为层面进行研究，通过认知行为疗法来改变受害者的非理性认知，同时通过家庭和学校的资源来帮助受害者回归正常生活。（谢楠楠，2013）研究发现遭受校园欺凌的受害者大多是比较固定的群体，比如外地生、转校生和行为独特学生等。

他们大多人际关系不是很好，一旦被反复伤害，又得不到支持和帮助，往往成为经常受欺负的对象。（章睿齐，2005）校园欺凌的发生会直接降低其心理健康水平。自尊与社会支持会在校园欺凌与心理健康的关系中发挥显著的中介效应，校园欺凌将导致社会支持水平和自尊水平的降低，进而会对心理健康产生不利影响。云洁运用文献分析法、个案访谈法研究发现，很多遭受校园欺凌的受害者的心理阴影一直没有得到有效缓解，并了解到这种心理阴影会导致受害者出现自卑、敏感、抑郁、焦虑、暴躁易怒、对他人不信任、人际交往能力差、组织能力差等问题。（云洁，2018）校园欺凌对受欺负者的身心健康造成了很大的伤害，会导致其抑郁、注意力分散、孤独、厌学、学习成绩下降和失眠，严重的会导致自杀。（朱瑾，2009）

（三）抗逆力内涵

“为什么在相同压力下或逆境中，有的儿童会消沉甚至患上精神疾病，有的儿童却适应良好?”针对这个问题，美国心理学家盖美兹（Garmezy）第一次提出“抗逆力”一说，肯定了抗逆力在保护青少年应对挫折方面的重要作用。（王君健、薛小勇、董凌芳，2010）抗逆力的英语是“resilience”，意思是适应力、弹力、快速恢复的能力、还原能力，指的是个人在遭遇困难、创伤和挫折的状况下，能够忍受和摆脱挫折的打击，选择积极、正向的方法和策略去应对，发展出健康的应对策略的能力。（于肖楠、张建新，2005）从总体上看“resilience”一词包括三种情况：一是对在高度不利环境的人，其战胜了困境，并获得了良好的发展；二是虽然还生活在不利的环境中，但能力并没有损害；三是指其能够从灾难性事件中成功地恢复过来。（Werner，1995）所以如何理解“resilience”的含义，需要看研究的具体情况，一般认为抗逆力适用于第一种情况，而韧性则适用于第二种情况，复原力适合第三种情况。（席居哲、桑标、左志宏，2008）本文中研究的主要是L克服校园欺凌及之后生命历程中的挫折给其带来的现实困境，并获得成长的经历，因此，第一种情况的“抗逆力”释义在本文中更为适用。

抗逆力对个体应对创伤事件和负面经历、维持心理健康具有重要作用。抗逆力是人类与生俱来的一种能力，是面对危机或挫折，适应、改变、复原的能力。每个人都存在抗逆力，只是表现的形式和程度不同，人在面对挫折和困难时表现出的抗逆力各式各样。它并不是时时刻刻都表现出来，只有在个体面对困境需要应对时，它才表现出来。（韩玥，2011）风险性因素与保护性因素被称为抗逆力的内在结构，风险因素和保护因素是与抗逆力密切相关的两个概念。保护性因素是存在于个人和环境中的那些能够帮助个体更好地应对压力和逆境，避免出现消极结果的因素，风险因素则是那些导致消极发展结果出现几率增加的因素。

（四）抗逆力策略层次模型

在回顾L的生命历程的过程中，笔者发现其抗逆力水平的发展与亨特的抗逆力策略层次模型基本吻合，在此先对此模型进行阐述。

亨特在关于抗逆力的研究中发现，抗逆力不仅是克服挫折的能力过程，更是对特殊情境的抵御过程。亨特觉得个人压力是启动抗逆力的开端，他将引起压力的事件概括为三种，即创伤经历、生命事件、挑战事件，本文所要研究的则是遭受校园欺凌的创伤经历。亨特提出了抗逆力策略层次模型，这个模型主要用于描述个体在遭遇逆境时的不同反应和应对方式，同时他还认为抵御策略是一种自我保护、自我生存的方法。在了解多种应对策略的基础上，将抗逆力的水平从低到高分为生存策略、保护策略和健康策略。生存策略（survival tactics）属于三个策略中抗逆力水平最低的策略，当出现心理平衡失调的时候，会激发明显的自我防御行为。在这种策略下，多采取的行为方式有欺凌、反社会行为、高风险行为和情感倒退。保护策略（defensive tactics）是三种策略中抗逆力处于中间水平的，在该策略下也会出现自我防御的行为，但它是采取与世隔离、冷漠孤独、离群、自我依赖和不信任他人的行为。健康策略（healthy tactics）的抗逆力水平最高，它具有灵活性的特点，该策略下的个体表现为有较强的自尊、自我效能感、社会胜任力以及社会交往的能力。（田国秀、邱文静、张妮，2011）

二、研究方法

所谓质性研究方法是指与量化研究方法相对应的研究方法，它较不依赖量化的资料与方法，而是对于现象的性质直接进行描述与分析的方法。（李晓凤、佘双好，2006）质性研究的主要目的是对被研究者的个人经历和意义建构做“解释性理解”或“领会”，研究者通过自己亲身的体验，对被研究者的生命故事和意义建构做出解释。国内外关于校园欺凌受害者的研究，大多倾向采用量化的方法进行，相比较而言，采用质性研究更能够深入了解受害者的经历，搜集到更丰富的质性研究文本，这是量化研究方法无法获得的。

（一）叙事分析

波尔金霍恩（Polkinghorne）认为，叙事分析是通过故事来描述人类经验与行动的探究方式。由于人们是通过其所叙事的故事来为其生活赋予意义的，所以如果要探究人们如何建构其生活经验的意义，叙事分析是最合适的研究方法。（李晓凤、佘双好，2006）叙事分析是对某个人具有重要影响的经历、创伤或挫折进行分析，这些经历或是创伤是促使个体进行叙事的动力。（莱昂斯、考利主编，毕重增主译，2010）比里奇（Birich）认为："人们生来就是故事的叙事者，故事为人们的经历提供了一致性与连续性，并在我们与他人的交流中扮演着重要的角色。"如果我们要了解一个人，必须首先了解他的故事。在我们与他人沟通的过程中，大部分时间我们都在叙说自己的故事、倾听别人的故事，正是因为我们聆听他人对其生活、体验的叙说，我们才能够进入到他的内心世界中去。故事以现实生活为模板，但是和现实生活不完全一样，它更是个体内部对外部世界的反映。对故事的叙述使我们能够认识自己、了解他人，人格是在叙事的过程中得以建构的。（马一波、钟华，2006）

（二）叙事资料的分析

当我们对叙事资料和自传体资料进行转录时，要真正理解他们的含义，并对文本进行分析，当我们进行叙事分析时，将遵循以下分析步骤。

第一步是阅读并熟悉文本。

第二步是识别要寻找的重要概念。

叙事资料中的重要概念包括叙事语调、意象、主题等。叙事语调（narrative tone）可能是成年人个人化叙事中最广泛的特征，通过叙事的内容和叙事的方式表现出来，是叙事者在讲述时的基本情绪状态。从故事的内容或形式等方面都可以反映出叙事者的基本语气，其也在某种程度上反映了叙事者对待自己生活的基本态度。（吴津，2010）意象（imagery）是指脑海中一系列相互联系的映像、形象或图像。每一个人的叙事中都包含和表达着具有某种具体的意象。（莱昂斯、考利主编，毕重增主译，2010）不仅包括概括性的讲述发生过什么，而且包括一个场景，甚至包括当时的表情、语言和感受。主题（themes）是指叙事中个体追求的有目标指向的结果。主题体现个体的动机，是在长期以来想要的、努力追求的或想要逃避的东西。（马一波、钟华，2006）

第三步找出叙事语调。

第四步找出意象与主题。

第五步将上述内容编成一个连续的故事。

第六步撰写研究报告。

对于分析结果将从类属分析（categorization analysis）和情景分析（scenario analysis）这两个方面进行呈现。类属分析是将分析资料按主题类别进行归纳和呈现。当分析所涉及的事件比较多，难以逐个呈现时，将有相同属性的资料归入同一类别。情境分析是指将资料处于研究对象所处的自然情境之中，按事件发生的时间顺序以及事件之间的逻辑关系来组织和呈现，它关注事件的过程与完整性（施铁如，2010）。

（三）研究对象的选择

本文采取目的取样的原则，有目的地选取遭受校园暴力的个体 L。L 是我自身非常熟悉的朋友，我在一定程度上了解她的过往经历，在收集资料时也能够更加全面详细，所以选取她作为研究对象。并且作为研究者，也不刻意回避主观性的争议，并坦诚地对 L 的个人经历生命故事进行分析。

（四）研究的信度和效度

为了避免在写作过程中由于自身局限性忽略了某些内容，或是因为自身情感混淆了事实，在后续的资料分析过程中尽量通过从其他多方面、多渠道收集资料，帮助作者尽可能全面地讲述 L 的生命故事并进行反思。研究者在对被研究者的生命故事和意义建构做出解释的同时必须走出自我，从被研究者的角度出发，以此来体验被研究者当时的心理状况，了解、理解与表达被研究者对事件所赋予的意义的“确切”程度；还要从他者的视角对叙事资料进行客观的分析，理解研究对象看待世界以及构建意义的方法。运用资料的多元交叉法从多个角度方向入手收集资料，从不同渠道听到不同的声音使用不同类型的资料交叉整合，使这些资料能够相互支持。（李晓凤、佘双好，2006）

（五）研究伦理

在开始研究之前，向被研究者介绍此次研究，确保其具有知情权，并征得被研究者 L 的同意，向其承诺保密原则，不会暴露其姓名与身份，一切与其有关的人名、地名与机关名称都使用匿名。不管研究结果如何，都给予 L 选择不参与和退出的自由。尊重和感谢被研究者 L 付出的时间和努力。

（六）研究资料的收集

本研究资料收集主要采用生命故事访谈法（life story interview method），生命故事访谈法是收集个体完整生命故事资料的一种质性研究方法。可归属于叙事式访谈这一类。（郑剑虹，2016）研究者同时对 L 生命历程中相关人员收集资料，还包括 L 自身的日记日志。

本文运用生命线图访谈法作为线索，去回顾 L 的生命故事，聚焦影响深刻的关键事件。如图一所示，在生命线图中横坐标轴线表示年龄，最右侧的虚线点代表现在所处的点，虚线左边是已经经历的人生，右边是未来。纵坐标代表某时期的感情起伏程度，越住上越开心，越往下越悲伤。在生命线上标出高峰和低谷时期的年龄，将这些时期对自身产生深刻影响的关键事件用圆点标出，之后再把圆点用曲线连接起来。整个曲线可以描述自身的人生道路及感受。之后根据 L 画出的生命线图，对其关键事件进行访谈，了解她在具体事件上的感受、应对措施、受到的支持等（刘礼艳、刘电芝，2014）。

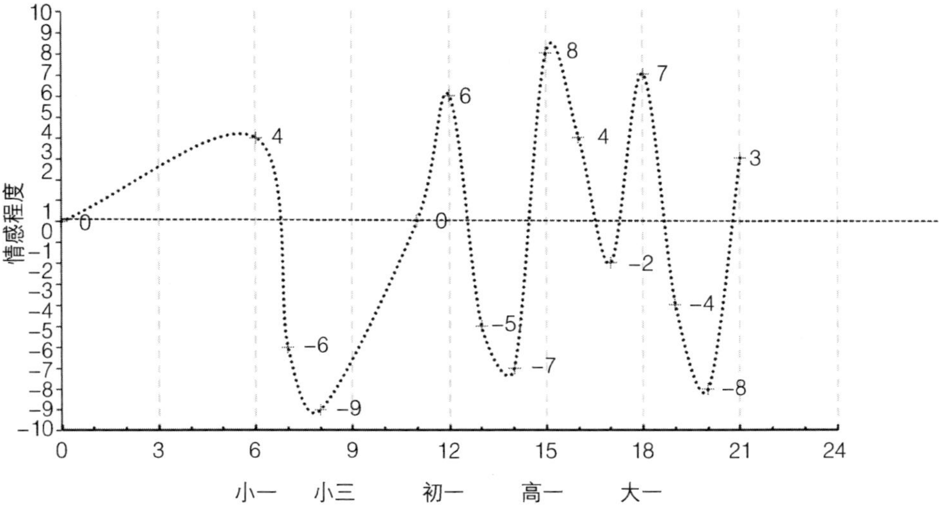

图一 L 的生命线图

三、L 的生命故事

从遭受校园欺凌到之后整个生命历程的成长，通过这样的时间点来回顾其不同阶段经历的事件，从而能够将不同阶段的事件通过时间节点串联起来，并将不同时间节点在整体生命历程中进行展现，能够达到对 L 生命历程的整体性认识。

将生命线图作为线索，在生命线图上标出对其来说的关键事件，凭此来回顾 L 的生命故事，去审视反思这些过去的经验，开启一段探索记忆与成长历程的叙事。一直以来，童年时期遭受校园欺凌事件对 L 来说是一段独特的人生经历，也在一定程度上影响着 L 之后的生活，但是通过自我调整、积极应对及借助外界诸多力量的帮助，L 逐渐接受了自我并获得了成长。重新审视这段经历对L来说能够反思自己面临的情境，进行自我剖析并能更好地认识自己，获得进一步成长的资源和动力，对于其他有相似经历的人来说也具有借鉴意义。

在L的叙事中，我们发现她的叙事语调在刚开始叙事时是悲伤的，当她谈到自己的早期经历时充满了害怕、恐惧和孤独，这很可能与她童年多次遭遇的校园欺凌有关。叙述高中以后的生命故事时语调是积极乐观的，即使在这阶段L也遇到了一定的困境，但是她不断克服过去经历对自己的消极影响，逐渐地以积极的方式面对生活。仔细阅读并分析L的生命叙事，可将她的生命故事分为三个阶段：遭受校园欺凌的童年、走向极端的青春和在磕绊中成长。

（一）遭受校园欺凌的童年（6—11岁）

在6—11岁这个阶段正是L上小学的时期，在这个时期的她情感从开始上学时的开心（4）逐渐转为悲伤（-6），并出现了生命历程中情绪最低点，这大部分都与L在此阶段遭受校园欺凌有关。

L回忆道：

> 因为是独生子女的原因，从我有记忆开始，在很小的时候我一直是一个人，我整天都是在屋子里待着，并没有什么可以交流的同伴。所以在上学之前并没有和同龄人接触的机会，也不知道该怎么跟其他人相处。我还记得我第一次去学校的时候，一直在哭，心里很恐惧，在上学的最初几年里一直在生病，几乎没有什么机会在学校，跟老师和同学的接触很少，所以跟老师和同学的关系都比较陌生。等我生病的情况逐渐好转之后，发现跟同班同学不是很能相处的来。

据邻居描述：

她上学比较早，应该还不到六岁。由于没有上过幼儿园，刚上学时可能不太适应，经常生病，生病了还不愿意吃药，非常固执，让她妈妈很头疼。

研究表明校园欺凌的受害者往往胆子小，性格内向，与周围人沟通交流少，常常处于班级的边缘位置，容易让周围人对其产生负面的评价，容易成为受欺凌的对象。（杨伟，2018）

根据校园欺凌的行为方式可以将其划分为身体欺负、言语欺负和关系欺负。（张文新，2001）

L 对其遭受的欺凌这样描述：

身体欺凌：

她把我抓进一个角落里，还召集了我们班所有的人观看，她开始掐我的手和胳膊，不是直接掐，而是旋转着掐，每次之后都是青紫的。她们还会指甲用力地抓我的皮肤，并且会在一个位置上用力，直到开出血迹来才会罢休。还用水笔的笔尖戳进我的皮肤，戳破了才会停止，我的肩膀上现在还有疤痕，因为她的指甲很长。她们也会在我走路的时候突然把我推倒在地上不让我起来。有一次甚至把我的牙撞出血。我总是莫名其妙地丢东西，经常找不到作业或者是作业被撕毁，有时候甚至当着我的面这样做，记忆最深刻的一次就是学校举行的贫困山区小学的捐赠活动，我在抽屉里发现了被撕掉的祝福卡片。

关系欺凌：

在我的记忆中，学校里的同学一直都说我这个人很奇怪，说不要跟我玩。每当我从一群人中走过去的时候都能听见、看见他们说我，会对我指指点点。印象最深刻的是二年级的时候转来了一个新同学，班里的其他同学都警告他不要跟我说话，说我这个人比较奇怪并让他躲着我。我本来是有两个比较要好的朋友，但是也越来越疏远我。学校举行的活动从来没有人愿意和我一起；反而是大家都不愿意参加的事情，会用各种理由把我推上去。

在这一阶段，L 遭受了校园欺凌，她的意象主要是孤独、恐惧和无助。“一直在哭，心里很恐惧”“感觉只有我一个人”“我不知道该怎么办”。在这期间她一直在努力在向外界寻求帮助，她向老师求助，得到的却是漠视，原本关系好的同学也渐渐疏远，所以这一阶段的主题是寻求支持。她最强烈的动机就是获得外界的支持，希望他能够帮助自己。

（二）走向极端的青春（12—14 岁）

这一阶段属于 L 的初中生活，她的情绪普遍来说比较低迷，她在短时间内变得极其具有攻击性，又在短时间内迅速消沉。她把自己小学时校园欺凌受害者的身份，逐渐向欺凌者的身份转变。L 叙述道：

顺利进入初中，我很开心离开之前的环境，新的生活开始了，一开始很美好，我认识了新的朋友。但是同时我也很害怕，我怕之前发生过的事情再次发生在我的身上，我不想再变成受欺负的对象。在这期间，我总是控制不住自己的情绪，莫名其妙地生气、烦躁，明明什么事情都没有发生。当时我是和一个男生是同桌，我现在仍然能清楚地记得他的名字和样子，我经常把他的书和笔袋扔在地上，还会把他的书本撕了，我不知道我为什么要这么做，每次做完之后都会很愧疚，但是还是控制不住自己，我不知道自己怎么了，脑子里只剩下了这种念头，我一直和男生之间发生冲突，但是在那一瞬间我的心反而有一些痛快，事后回想起来却无比煎熬，直到现在我都很愧疚。

研究表明有关受害者在受到欺凌侵害后，在不健康心理的支配和其他因素的推动下，会从受害者向欺凌者的方向变化。（王临平、赵露娜，2001）其由于认知偏差、消极心境和不良情绪的困扰而向欺凌者转化，根据不同的心理动机又可以分为报复型、防卫过当型、认同性以及暴力循环型。（夏若涵，2018）其中 L 属于暴力循环型，在经历校园欺凌后其非常害怕“之前发生过的事情再次发生在我的身上”，L 对自己以及校园欺凌的经历没有合理的认知，并且为了获得安全感，保护自己，并摆脱这种情绪，最终 L 选择以暴力的方式来保护自己。

13 岁转班之后 L 的情感又下滑到了一个低谷。

初一上半年结束后，父亲为了我的学习，给我换了一个所谓的“好班”（就是一个学习成绩更好、氛围更浓、管理也更为严格的班级）。我还记得在第一天上学时除了别人主动问我问题，我没有主动和任何人说话，我并不是很想主动融入这个班级，在经历了所有的这一切后感觉很疲惫，仿佛丧失了所有的精力，我不想说话，而且这里的一切都让我感到拘谨，我选择封闭自己，在这个班级里我尽量躲避冲突，除了必不可少的交流外我很少和别人接触，平时一般都安安静静地在自己的座位上待着。当时班里有一个女生很喜欢在背后议论别人，大家最后总结下来发现唯独没有说过我的任何事情，在班里我相当于一个透明人。我无时无刻不在小心翼翼地隐藏自己，我不想和人接触，对于那些风云人物我能躲多远就躲多远，我甚至都没有加入班群，毕业之后我没有和任何人联系过，也没有渠道联系。

在这一阶段 L 的意象是攻击和自我隔离，“我怕之前发生过的事情再次发生在我的身上，我不想再变成受欺负的对象”，“我选择封闭自己”。她对再次遭受校园欺凌感到恐惧，于是她选择攻击他人，封闭自己，远离他人来获得安全感，这些行为无异于对自己另一种形式的保护，所以这一阶段的主题是安全感与自我保护，L 竭力全力防止自己受到伤害，并想找回自己缺失的安全感。

（三）在磕绊中成长（15—21 岁）

在高中时期，L 的情绪达到了最高点 8，但是在大三，L 的情绪值有一次降低到了 -8。

L 描述道：

进入高中对我来说是一个新的机会，我选择抛弃过往的一切，重新开始。我感觉我变得主动起来，主动说话、交朋友、参加活动。很快我就结识很多好朋友，我们经常一起周末出去玩，我从来没有这么放松过，我喜欢这里的氛围，温馨包容，让人很自在。他们戏称我是他们的“母后”，我感觉有他们在很温暖。在元旦的时候，我甚至主动提出我们一起表演一个节目，于是我们自编自演了窦娥冤搞笑版。我从来没想过有一天我会变成这样。

初中高中都同班的同学对 L 说：

你变化太大了，以前的你不会参加这种活动。

L的同学说：

我觉得她对周围关系好的人很热情、很热心，而且特别认真和有毅力，是个特别好的人。

在大三大四时，L的情绪又一次降到了低谷，情绪值甚至达到了－8，她开始控制不住自己的情绪，经常不由自主地哭泣，还出现了睡眠问题，还会有自杀意念的出现，它逐渐影响到了她的正常生活。

L在日记中写道：

今天又差一点崩溃，这里让我感到既压抑又痛苦，仿佛就是梦魇。我很难控制自己的情绪，负面情绪又一次扑面而来，好想大哭一场。但是我忍住了，因为我知道环境、骄傲都不允许我这么做。

我不知道我怎么了，一切情绪都被放大了，我都控制不住我自己了，负面情绪越来越频繁，一天发生好几次，我不知道该怎么办，我好想摆脱这一切，我希望能够有人帮助我，谁来救救我。

在此期间，L选择向朋友倾诉，并向学校心理咨询中心求助，在老师的建议下去医院诊治，被诊断为抑郁，并用相关药物进行治疗。L通过自我调节，改变自己，并在家人老师朋友的帮助下，逐渐得到了恢复。

在此阶段的L意象是主动与积极，L在新一阶段的生命历程中主动向朋友、家人、社会寻求支持，在遇到困境时也积极地改变现状。所以这一阶段的主题是自我成长，她希望自己变得更加有能力来面对挫折，改变自己，获得成长。

从L的生命历程上看，她的主题分别为寻求支持、安全感与自我保护和自我成长，从总体上来看，她的主题也是抗逆力的发展历程，抗逆力贯穿她生命历程的始终。

四、L生命历程中的抗逆力状况

（一）遭遇挫折后的危险性因素

危险性因素是指那些会增加不良结果出现的可能性的生物的、遗传的、环境的各种因素。（屈卫国，2007）

1. 疏离的家庭关系

良好的家庭氛围会潜移默化地影响着儿童的发展。家庭气氛很重要，它能从不同的角度影响家庭成员的感受和心灵，它的这种无形的教育功能，对家庭成员能够产生深远影响。据L描述，在她的成长历程中，家庭关系一直不是很亲密，他们之间严重缺乏沟通，正因如此，即使在生活中L遇到困境，但是由于平时和父母缺乏正常沟通，她也不会选择向父母倾诉。L这样描述：

一直觉得我的家庭关系在某种程度上很疏离，从小到大，和父母没有过多的交流，我从来不向他们主动分享我的生活，他们也不会主动问我。我们之间虽然没有矛盾，但是缺乏互动与沟通。

朋友描述：

我觉得她和父母的关系太奇怪了，我从来没见过她和爸爸妈妈视频，也不是说他们没有那个软件，大家都有对不对，但是我从来没见过。

L在自己的留言本中写道：

小时候，妈妈把我关在屋子里不让我出去，也没有人跟我玩，后来习惯了，就喜欢活在一个人的世界里胡思乱想，但特别矛盾，同时又喜欢热闹，喜欢一家人在一起的感觉。

2. 老师的漠视和不信任

L对此的描述是：

在上小学期间，我的学习成绩一开始很不好，而且因为校园欺凌的原因我总是丢东西，老师对此很不耐烦。在二年级时，我的作文被选中去给来学校参观的老师朗读，在前一天，老师把我叫过去问我，这篇作文是你自己写的吗？在那一瞬间也不知怎么的，也没有经过思考，我竟然指出其中一段说这段不是我写的，这篇作文完完全全是我自己写的，但我却选择说不是，在当时的我看来，说谎比说真话更能让老师相信，假如我说是我自己写的反而会被认为是不诚实。在老师看来，我这样的一个学生，能写出好的作文必然是抄袭的。在又一次经历了身体欺凌之后，我选择向老师求助，他问班里同学是怎么回事，其他同学说我主动的，老师最终没有说任何话这事情就算结束了。

当L想要寻求老师帮助的时候，并没有得到老师的支持，而是得到漠视和不信任，老师的沉默对她来说像是一种和欺凌者的共谋。久而久之，L即使受到了欺负，也不会再想要寻求老师的帮助。因此，在面对校园欺凌时，L只能独自一人承受，有一种孤立无援的感觉。而且当被欺负者由于对父母和老师具有某种疑虑或不信任感，不愿向他们求助来制止欺负事件时，会因此受到更多的欺负。（兰海英，2013）

3. 亲密恐惧

亲密恐惧是指个体与重要他人沟通重要想法、情感时产生的一种抑制性，这种抑制性的产生也许是焦虑，也许是其他原因造成的。所罗门（Solomon，1993）研究显示童年创伤经历会破坏个体与人建立和维持亲密关系的能力。人为因素制造的创伤经历对个体建立亲密关系能力的消极影响更为显著。

L描述道：

我很害怕与他人过分亲密，每当我和父母打电话时，我很想向他们表达自己的情绪情感，但是我说不出口，甚至想要挂电话。在与朋友交往时，我很难把自己的真实想法说给他们听，我会有意地压抑对他们的情感，也会压抑自己的情绪，并且很害怕他们离开我。

L的朋友们这样评价：

她不会生气，我从来没见过她生气，有可能是没有表现出来，有可能是不会，那我就不知道，她是我见过脾气最好的一个人。

我觉得她太冷漠，对朋友不够关心。

我感觉她有时候很客气，在高中我们室友的东西我都随便用，我从来也不说谢谢，我就感觉她太客气了，很有距离感。

我挺担心她以后咋和人家谈恋爱结婚呀。我觉得你就只能和这些温柔的人说话，不温柔的男生她是一概不搭理，就是那一周人家对她很热情，还把她吓跑了。

她很没有安全感，她需要找到那个不让她害怕的人，这时候她的安全感就真正建立起来了，而且我觉得她应该就是多和家里沟通，多和他们接触接触，找到家里给她的那个安全感也挺重要的。

这种亲密恐惧让 L 很难信任他人，与他人建立亲密关系，这样在遭遇困境的时候，就很难能够利用来自家人和朋友的资源。

（二）遭遇挫折后的保护性因素

保护因素是指那些能够促进个体更好地应对挫折，降低消极结果出现的可能性的个人或环境的因素。（李燕平，2005）在外在的压力、危险来临时，个体自身和环境中拥有的保护因素会做出相应反应，来抵御外在风险。

1. 目标感和有意义

L 这样说：

从小学一开始我的学习成绩很差，但是为了对欺凌者进行反抗，同时也向别人证明我自己。我开始努力学习，慢慢地学习成为了我生活中重要的一部分，我开始享受学习的过程，生活也有了目标。我很乐意去学习，这种感觉让我很充实，而且除此之外我也没有任何娱乐活动，我记得当时英语成绩不太好，我一下课就去老师办公室问问题，我的学习成绩一直保持中上等。包括之后上大学我选择读汉语言文学双学位，让我感觉做了自己真正想做的事，每次周末去上课的时候都是我最开心的时刻，通过双学位让我找到了更多可以做的事情。

家人和朋友回忆：

她很喜欢上学，虽然上学之前没有什么基础，学习成绩却很好。

记得上一年级时，有一个男孩经常欺负她，当时我很担心她会对学校产生恐惧，不愿意去上学，可是并没有受到影响。

我记得她和我说她要搞双学位的时候很开心。

记得有一次在课上，我记得她站起来就是回答自己的那种观点了，就是完全不用什么举手或者想一下怎么样，站起来表达自己的观点，和平时的她很不一样。就是你会很放得开的，去发表自己的意见，就比如说针对哪一个问题，然后可能就是还会和其他同学有那种交流，我感受到在攻读双学位她是挺开心的。就是我感觉在那段时间里她有事可做。

一定的学业成就，可以提升个体的自尊，更加自信，自我效能感和应对策略也不断提高，而自尊提升，自信、自我效能和应对策略提高的过程中，个体的自我认同也正在发生。学业成就是自我证明的工具，促使个体产生自我认同，进而产生了抗逆力的目标感和意义感。（张贝，2013）

2. 父母的鼓励与支持

在家庭方面，L 感受到了父母给予其的物质和情感支持。在访谈中 L 提到：

> 我很喜欢旅行，每当我心情不好的时候或者是遇到挫折时都会选择去旅行，我的父母一直都很支持我，不仅给我足够的经济支持，还会给我旅行建议。

除此之外，父母还给予 L 支持与鼓励：

> 在我高考失败后，母亲并没有责怪我，反而是一直安慰我，说我已经很努力了，再说也不是没有学上了，我的成绩已经比很多人都高了。在我选择不复读之后，他们也都支持我的决定。上大学后，虽然我们平时沟通很少，但是每当我情绪失控的时候，父母总是在电话里安慰我，在他们面前我可表现出软弱的一面，他们的存在让我知道是有人在背后支持我的。大四时在考研前一天我突然决定放弃考研，我本以为父母会责怪我，但是妈妈说如果这是你深思熟虑后的决定，是你真正想要的，我们就不考了。

一直以来，父母来都给予 L 极大的包容和支持，在 L 遇到挫折时他们能给予她情感支持和帮助，帮她走出困境。

3. 同伴支持

一直以来，同伴都是人类发展历程中不可缺少的一个角色。同样地，同伴

支持对抗逆力的发展也很重要。（龙可、杨文超、黄亚辉，2017）

L回忆道：

在我的高中和大学阶段都有一两个好朋友。我们一起吃饭，上学，出去玩。高中时每次我因为考试成绩心情不好的时候，他们总是安慰我，缓解我不开心的情绪，甚至帮助我学习。

当时L在留言本中写道：

跟你在一起时总是很开心，我其实有些时候很消极，而你总是很开心，把我也带动起来，而且你的存在，让我有一种我也是被需要的感觉。

L描述：

在大学里，我出现了心理健康方面的问题，朋友也是一直倾听我的想法，并鼓励我去向外界寻求帮助，每当我心情不好的时候，总是能够在身边陪伴我，会带我一起出去玩，他们对生活的热情有时也会感染到我，有时我会做出一些不理智的举动，也会包容我。他们会陪我一起去医院，并且在我被诊断为抑郁的时候，还会监督我吃药，即使是在考研的关键时期，也愿意花时间陪我。

4. 社会支持

近年来，各种社会公益组织越来越多，希望热线（4001619995）就是其中一个，这是一个全国性的公益热线，由中国生命教育与危机干预中心开设，它通过电话为自杀高危人群提供支持和帮助，进行情绪疏导，挽救生命。

据 L 描述：

> 在大三大四期间，每当我想自杀的想法出现的时候，我都会拨打希望热线，在我手机的通讯录中它的备注是救命，每当我感到支撑不下去的时候，我都会向它求助。电话的那头对我来说是一个陌生人，向他倾诉的时候我不会有负担，有时候连续通话几个小时，他也会一直耐心与我沟通，缓解我的情绪，记忆最深刻的就是他说我值得他这样做。

社会的支持对于个体来说是很重要的社会资源，它在关键时刻对个体有重大意义。

五、L 抗逆力水平的发展

归纳 L 抗逆力水平的发展过程发现，L 的抗逆力形成和发展基本符合亨特提出的抗逆力层次模型。他将抗逆力的水平从低到高分为生存策略、保护策略和健康策略。

（一）生存策略

在童年遭受校园欺凌后，L 向老师寻求帮助，却没有得到帮助，只得到了漠视和不信任。无法向父母诉说，因为当时在 L 心里觉得父母也不能够帮助自己，她原有的朋友也渐渐离开她，在人际关系上被孤立起来。在面对校园欺凌时 L 只能够独自一人承受。相关研究表明，被欺凌者常常采用攻击行为进行自我防御，麻痹自我，出现受害者与欺凌者之间的角色转换。此外，部分受害者出于自我保护，选择加入欺凌者的队伍，实施欺凌行为。（刘俊升、赵燕，2013）由于对遭受欺凌的恐惧，在初中 L 由被欺凌者转变为欺凌者。长时间的被欺凌，无论是身体还是心灵都承受着不可磨灭的伤害，没有正常的人际关系，L 害怕自己再次遭受校园欺凌，所以选择欺凌的方式保护自己。这种通过欺凌来保护自己正是运用了最低层次的抗逆力生存策略。（王芳洁，2018）

（二）保护策略

初中时转班后 L 由于之前身为校园被欺凌者和欺凌者的身份，在与人交流方面存在缺陷，很久没有和同龄人正常的交往使她陷入了恐慌。

研究表明，受害者在之后的与人交往的过程中，经常表现得沉默寡言、小心翼翼，有的行为举止怪异，时常脱离集体活动，行为具有排斥性，即使在和家人相处时，也时常闷闷不乐，不愿吐露心声。（杨春磊、刘吉林，2018）

L 在日记里写道：

> 我在这里感受不到任何温暖，我在这里只想当个透明人藏起来。这里的氛围让我很难受，这里每天都有各种冲突，感觉好恐怖。

当时 L 不知道如何化解这种困境，她感觉世界上只有自己一个人，L 也没法通过调动各方资源来解决自己的问题。她只能选择独自生活，不与人主动交往，不参加集体活动，即使后来拥有熟悉的伙伴也不过分亲密。

L 的同学回忆道：

> 她总是安安静静地站在一边，不会主动和人说话的，这是我见过最不愿意也不会主动和人沟通的那种人。

包括之后在遇到相应的挫折时，最开始L有时仍会选择远离他人，孤立自己，这在一段时间内确实保护了自己。这些都表现出L当时与世隔绝、冷漠孤寂、离群和不信任他人的行为，L通过减少与外界的来往来抵御外界不良的刺激可能会带来的风险。这和亨特抗逆力模型中的保护策略相一致。

（三）健康策略

该策略下的个体表现为有较强的自尊、自我效能感、社会胜任力以及社会交往的能力。

当L到了大学时期再次遇到困境时，刚开始其短暂地运用了保护策略，但是之后则运用健康策略来面对困境，因为和以前不同的是，L有了充足的保护性因素帮助其面对逆境，而且自身能够去主动寻找相关保护性因素，可以采取有效的方式应对逆境、走出逆境。即使一开始运用保护策略应对困境，但是在之后都能发展到健康策略。L向朋友、家人以及社会寻求帮助，她已经可以灵活调动自身的内外部资源来应对生活困境和压力事件，通过重建自我认知，自我调整自己的不合理认知，向外界求助。这属于抗逆力模型中的健康策略。（张杰、何东侠，2017）

（四）抗逆力发展

在L抗逆力的发展过程中，从最低水平的生存策略到保护策略再到最高水平的健康策略，基本是按照亨特的抗逆力层次模型表现出来的。随着年龄的增长，L的应对策略的抗逆力水平也越来越高，年幼时因为风险性因素的存在，其又缺乏主动寻求保护性因素的能力，只能选择生存策略和保护策略来保护自己，虽然仍然存在一部分风险性因素，但是保护性因素增加了，而且自身有了主动寻求保护性因素的能力，L 的应对策略变成了高水平的健康策略。这表明个体的保护性因素和风险性因素的高低会影响到个体采取应对策略。亨特的抗逆力层次模型中的三个层次，在 L 的身上都得到了体现，并且从低层次逐步向高层次发展。从 L 的经历看，即使其已经发展出了健康策略，较低层次的策略并未因此而消失，在其遇到困境时保护策略也会不时出现。

六、L 抗逆力的建构

（一）资源获取与运用

在 L 小学初中时遇到校园欺凌，人际关系差，无法适应等挫折时，其觉得自己当时孤立无援，只有自己独自承受挫折压力，因为在当时对 L 来说没有可以提取的社会资源，即使去寻求社会资源，也因为自身能力的限制无法得到有效的帮助，依靠自身的力量也无法解决问题，只能选择“逃避”问题，选择“不作为”，任其事态自然发展，被动地等待环境的改变，每次都期望环境的改变来给自己重新开始的机会。

随着时间的流逝，年龄的增长，L 对自我的认知更加清晰，对自身情况也有了较为准确的评估，过去失败或成功的生活经验会为以后的生活提供借鉴，当 L 再次遇到挫折时，刚开始也许还会陷入之前的困境，但是之后她开始主动寻求资源，主动向家人朋友老师和社会组织寻求帮助，来自社会资源的帮助对个体应对压力事件的能力十分重要。当我们个人所掌握和能够运用的社会资源越来越多，社会支持网络越强大，就能够越好地应对各种来自环境的挑战。调动自己及周围可用的资源去主动地解决问题可以有效提高自己的抗逆力，特别是自我认知出现偏差、自尊心较低的同学，更需要社会资源的帮助。

（二）行为修正

斯金纳认为我们的行为之所以产生变化，是因为强化的作用。当一个操作产生之后，马上呈现一个强化刺激时，这个操作出现的几率就会增加。这里所增加的不是刺激—反应的联结（因为操作不需要特定的激发性刺激），而是使反应发生的概率增强了。他认为在学习过程中，练习固然是重要的，但最重要的还是强化。他提出了操作条件反射理论，认为人或动物为了达到某种目的，会采取一定的行为进行反应。如果这种行为的后果对他有利，这种行为就会在以后反复出现；如果不利，这种行为就会减弱或消失。（李净净，2011）人们可以用正强化或负强化的方式来影响行为的后果，从而改变自己的行为。正强化指在行为反应之后，呈现刺激从而增加行为反应的发生；负强化指在行为反应之后，撤销刺激从而增加行为反应的发生。（Skinner，1953）

在L的生命历程中，最开始把学习作为目标只不过是为了“证明自己”，但是慢慢的，她受到了老师和父母的表扬，也不断地有同学向她求助问题，这种结果是她想要的，为了保持这种状态，在随后的生活中，L更加努力地学习，成绩也得到不断提高，从而得到她想要的，而久而久之也找到了学习的目标和意义感，这些在今后的生活中都会成为一种保护性因素应对挫折。相应的，L成为欺凌者时的攻击性行为并没有遗留下来，当L表现出攻击行为时，它给其带来的是痛苦，这种行为也不能被大家所接受；但是当L停止此类行为时，L的人际交往获得良好发展，其感受到的痛苦也减轻了，最终这个不良行为消失了。为了与他人建立友好的关系，L会“附和”同伴的言行，进而融入到圈子当中，但是后来发现这并不能使她获得真正的快乐，反而会增加痛苦，L开始改变自己的行为，以达到对自己最有力的结果。

（三）改变早期适应不良图式

图式即认知结构。“结构”不是指物质结构，是指心理组织，是动态的机能组织。图式具有对客体信息进行整理、归类、改造和创造的功能，以使主体有效地适应环境。其中早期适应不良图式是图式的子集。它是在童年或青春期形成并在人的一生中被广为运用但是功能不良的图式。（Katie，2007）它虽然在童年期能够应对挫折，保护我们不被伤害，但是长大以后，这些图式已经不适用于当前的环境。早期适应不良图式常常会导致个体无意识地在成年之后重新建构伤害他们的情境。可以认为我们将童年时学到的不良应对方式带到了以后的生活中。因为在童年期身为校园受欺凌者有遭受朋友的离开，在今后得到的人际交往中一直觉得会被抛弃。为了防止被抛弃，L选择顺从迎合别人，在这个过程中迷失了自己。

L的朋友描述道：

我就觉得她有时候明明菜不好吃非要说它好吃，就只是为了附和我们，有的事不想做，但是看着我们都做她就非要去做。

L说道：

因为童年受到了同伴带来的伤害，我很难相信他人，我很害怕与他人过分亲密，在与朋友交往时，我会有意压抑对他们的情感，也会压抑自己的情绪。

这种不信任和情感抑制在童年时是具有适应性的应对方式，但是在当前的环境中是不适应的，L应该改变之前不合理的应对方式。早期适应不良图式反映了个体对自身、他人及外部世界的不合理信念。我们可以通过认知行为疗法来改变自己的不合理信念。认知行为疗法是一种通过认知重建方式有效纠正认知偏差，进而消除不良情绪和行为的心理治疗方法。对于不信任的适应不良图式，就像L的朋友说的：她应该真正试着去接受一段感情，她就会发现周围的人的好，没有那么多人是恶意的。她开始试着相信其他人，理解到并不是所有的人都是当年伤害她的人。对于被遗弃的恐惧，L开始把它当作正常的分别，我们的身边会一直有人走走停停。改变不良的应对方式，发展更健康的应对方式可以在一定程度上减少风险性因素，增加保护性因素，从而提高抗逆力水平。

(四) 创新与不足

一直以来，对校园欺凌的研究更多的是从量化研究的角度，少数的质性研究大多则是从个案介入方面来分析，因此本文对遭受校园欺凌者抗逆力的质性研究在一定程度上具有创新意义。本文的研究者对研究对象的状况有深入了解，这使得研究结果与被欺凌者的真实情况更加接近，更加具有人文精神，对其他有共同遭遇的个体也具有借鉴意义。

由于采用的是叙事分析的方法，质性研究主要是分析特定社会环境下的社会事件，而不是对与该事件类似的情景进行推论。因此本文的质性研究结果只适应于被研究者，并不能推论到其他遭受校园欺凌个体。在本研究中，研究者与被研究者是朋友关系，这种与被研究者之间的特殊关系有可能会对研究的真实性产生影响。如何控制这种影响？我在资料收集过程中，是以当事人最要好的朋友的身份收集资料的，这是一种主位（emic）身份；经由叙事访谈获得文本后，采用客观中立的分析立场，即采用客位（etic）身份来分析文本，有效降低了研究者偏差及研究者与被研究者的交互作用。由于条件限制，虽然通过生命叙事访谈、从 L 的日记日志获取信息并对其生命历程中相关人员收集资料，但也未能收集到相关老师的描述，对其无法更为全面和深入地了解情况。每位校园欺凌受害者遇到的问题也不尽相同，因此对于其抗逆力的发展与建构，还需要更多学者的关注和研究。

（五）结论

校园欺凌受害者在面对校园欺凌以及之后的挫折应对时，L 抗逆力的发展动力来源于自身的生存发展需要以及周围环境的推动。同时，抗逆力的形成发展受保护性因素和风险性因素两种因素的影响，一方面有来自于父母、同伴、老师、社会的支持和帮助，另一方面有来自于自身、老师、父母、社会的风险因素，并通过生存策略、保护策略和健康策略表现出来，L 的抗逆力水平发展过程再次以个体的跨文化经验证实亨特的抗逆力层次模型，虽然有时会出现倒退，但整体上 L 的抗逆力水平是从低到高发展起来的。对于抗逆力的建构，从始至终资源的获取与运用都十分重要，运用自身的能力和外界资源，建构属于自己的抗逆力；我们通过强化并改变自己的行为，来修正那些对我们不利的行为，保留并不断运用对我们有利的行为，行为结果的不断强化同时也是抗逆力的形成过程；我们通过改变不合理的认知来调节自己早期适应不良图式，增加了自身的保护性因素，从而提高抗逆力水平。

参考文献

陈慈幸（2002）. 青少年法治教育与犯罪预防. 台北：涛石文化事业有限公司，10.

储殷（2016）. 当代中国“校园暴力”的法律缺位与应对. 中国青年研究（01），23—25.

戴利尔，戴宜生（2005）. 美国未成年人司法制度的发展. 青少年犯罪问题（4），14—18.

韩玥（2011）. 对青少年应对挫折情境时冒险行为的探析——以抗逆力理论为视角. 中国校外教育（14）：64、123.

［美］莱昂斯，考利（主编）（2010）. 心理学质性资料的分析（毕重增主译）. 重庆：重庆大学出版社，105、107.

兰海英（2013）. 中小学受欺负者心理特点分析与教育对策. 中小学心理健康教育，11.

李净净（2014）. 农民工子女城市融入抗逆力研究（硕士学位论文），中国青年政治学院，北京.

李晓凤，佘双好（2006）. 质性研究方法. 武汉：武汉大学出版社，168.

李燕平（2005）. 青少年研究的新趋势——恢复力的研究评述. 青年研究，4.

刘俊升，赵燕（2013）. 童年中期受欺负与问题行为之关系：一项两年纵向研究. 心理科学（3），632—637.

刘礼艳，刘电芝（2014）. 优秀贫困大学生的心理弹性及其保护性因素的个案研究——对A的个案分析. 生命叙事与心理传记学（2）. 北京：中央编译出版社，361—390.

龙可，杨文超，黄亚辉（2017）. 心理弹性的研究综述. 创新教育（16），9.

马一波，钟华（2006）. 叙事心理学. 上海：上海教育出版社，8、99.

屈卫国（2007）. 心理弹性理论及其对幼儿教育的启示. 学前教育研究，5.

师艳荣（2010）. 日本校园欺凌的现状及原因探析. 外国教育研究（7），56.

施铁如（2010）. 叙事心理学与叙事心理辅导. 广州：广东高等教育出版社，236.

孙洋（2009）. 校园欺凌问题个案介入研究——以青岛市A中学D生为例（硕士学位

论文)，湖北师范大学，湖北.

唐宁 (2018). 中小学校园欺凌的现状及其法律研究. 法制与社会 (12)，140.

田国秀，邱文静，张妮 (2011). 当代西方五种抗逆力模型比较研究. 华东理工大学学报 (社会科学版)，26 (04)，9—19.

田国秀 (2007). 抗逆力研究及对我国学校心理健康教育的启示. 课程教材教法，3.

王芳洁 (2018). 青少年恶逆变的影响因素及社工介入研究——以 *S* 的个案为例 (硕士学位论文). 首都经济贸易大学，北京.

吴津 (2010) . 叙事方式对于人格发展的作用研究——以天津某高校为例 (博士学位论文). 南开大学，天津.

王君健，薛小勇，董凌芳 (2010). 社会工作视阈下的抗逆力解读. 社会工作 (下半月)，5，4—7.

王临平，赵露娜 (2001). 防止未成年被害人恶逆变. 青少年犯罪 (3)，23.

王志祥 (2008). 高中校园欺凌表现形式及对策研究 (硕士学位论文). 山东师范大学，济南.

谢楠楠 (2013). 个案社会工作在校园欺凌受害者中的应用研究 (硕士学位论文). 郑州大学，郑州.

席居哲，桑标，左志宏 (2008). 心理弹性 (Resilience) 研究的回顾与展望. 心理科学，31 (4)，995.

夏若涵 (2018). 校园欺凌事件中“恶逆变”现象的心理学探析. 社会科学 (6)，294.

杨春磊，刘吉林 (2018). 校园欺凌中受害者的疏导与保护. 长江大学学报 (社会科学版)，3，97.

杨宏飞，叶映华 (2006). 杭州市中小学校园欺凌行为及其相关因素分析. 中国学校卫生 (10)，23.

杨伟 (2018). 校园被欺凌者的抗逆力研究——以内蒙古 *T* 县某中学 8 位被欺凌者为例 (硕士学位论文). 中国青年政治学院，北京.

于肖楠，张建新 (2005). 韧性 (resilience) ——在压力下复原和成长的心理机制. 心理科学进展，13（5），658—665.

云洁（2018）．社会工作介入校园欺凌受暴者心理阴影的应用探究——以呼和浩特市 S 大学为例（硕士学位论文）．内蒙古师范大学，内蒙古．

张贝（2013）．学业成就对贫困中学生抗逆力运作的作用：基于北京市位中学生的访谈研究（硕士学位论文）．首都师范大学，北京．

张杰，何东侠（2017）．跨越个体与系统：青少年抗逆力研究的反思．当代青年研究（02），88—94.

张静（2018）．UNESCO 发布校园暴力和欺凌报告．世界教育信息，31（23），73.

张文新（2001）．学校中的欺负问题——我们所知道的一些基本事实．山东师范大学学报（人文社会科学版），46（3），3—8.

章睿齐（2005）．校园暴力中受害学生的心理透视．河南教育（6），56.

赵莉，雷雳（2003）．关于校内欺凌行为中受欺凌者研究的述评．心理科学进展，6.

郑剑虹（2016）．生命故事访谈法：一种新的质性研究方法．生命叙事与心理传记学（4），北京：中央编译出版社，1—27.

朱瑾（2009）．校园受欺负学生的心理分析与干预策略．现代中小学教育（3），48.

Katie Castille，Maurice Prout（2007）. The Early Maladaptive Schemas of Self-Mutilators: Implications for Therapy. *Journal of Cognitive Psychotherapy: An International Quarterly*, 21（1）, pp. 58 – 71.

Olweus, D.（1993）. *Bullying at School: What We Know and What We Can Do.* Oxford: Blackwell.

Skinner, B. F.（1953）. *Science and Human Behavior.* New York: Simon and Schuster.

Solomon Z.（1993）. *Combat Stress Reaction: The Enduring Toll of War.* New York: Plenum Press, pp. 79 – 80.

Werner E. E.（1995）. Resilience in Development. *Current Directions in Psychological Science*（4）, pp. 81 – 85.

Research on Resilience Development of People Experiencing School Bullying

Li Zhi-tian[1], Luo Ming-chun[2]

([1]School of Education, Yunnan Minzu University, Kunming, 650504)

([2]The Yunnan Minzu University Branch of Jiu-San Society, Kunming, 650031)

/ Abstract /

Starting from the perspective of resilience, this paper adopts the life narrative method in qualitative research to analyze individual cases. Taking the experience of individual L suffering from school bullying as an example, this paper uses the life line graph as a clue to conduct interviews, and marks the key events in L's growth process on the lifeline graph, so as to review L's life story, thus dividing L's life process into three parts: childhood suffering from school bullying, youth going to extremes and growth in stumbling. To explore how L can deal with the realistic dilemma brought by setbacks in school bullying's life course and later, through L's life story and the collected relevant information, we can understand how L's resilience is formed and how to face challenges, deeply understand the development process of its resilience, excavate its protective factors and risk factors, and summarize the formation and development process of resilience.

The development power of L's resilience comes from its own survival and development needs. The formation and development process of L's resilience in the course of its life are demonstrated by summarizing L's resilience risk factors and protective factors. It is found that the development process of L's resilience is consistent with Hunter's resilience strategy hierarchy model, and resilience is constructed through the process of resource acquisition and utilization, behavior modification, and change of early maladjustment diagram.

/ Keywords /

School bullying; Resilience; Life narrative

祖辈被迫成为替代父母的心理历程及困境探究

耿文秀[1,*]　曹文韫[2]

（[1]华东师范大学心理与认知科学学院，上海，200062）

（[2]华东师范大学大夏书院，上海，200241）

／摘　要／

本研究以隔代家庭中成为替代父母的祖辈为研究对象，使用访谈法收集资料，运用扎根理论分析所获资料。研究发现，祖辈被迫成为替代父母的过程以抗拒开始，不断尝试交还抚养责任或拒绝，最终不得不成为替代父母。其心理历程可分四个阶段：被动卷入、延缓代替父母、尝试取代父母和重新区分。在成为替代父母的过程中，祖辈遭遇的心理困境主要是消极的情绪体验以及社交回避，造成心理困境的原因主要有五个，包括：被迫承担责任、陷入关系纠缠、周围不合适的期望、缺乏情感支持和能力与责任不匹配。其中，受访者认为被迫承担责任是更为基础的原因。此外，研究还发现，不同的家庭背景类型对祖辈

*　通讯作者：耿文秀，教授，博士生导师，E-mail：wxgeng@126. com

成为替代父母的心理历程影响不大，但孩子亲生父母健在会延长祖辈陷入关系纠缠的时间，促使祖辈采取更多争夺孙辈亲密的策略。

/ 关键词 /
替代父母，心理历程，心理困境，隔代家庭

一、问题提出

经历了 20 世纪家庭核心化的变迁发展之后，多代联结（multigenerational bonds）重新出现增长趋势。一方面，平均寿命的延长使得更多人有机会成为祖父母，能够加入抚养孙辈的队伍；另一方面，全球性的离婚率上升导致单亲家庭增加，下一代的养育更需要祖父母的支援；此外，女性就业率的增加和工作全球化也推动了家庭变革。（Ann & Anna，2018）在这一背景下，祖父母承担起更多的隔代抚养工作。其中，最为辛劳的可能是那些承担所有抚养责任的祖辈。这些祖辈往往经历了家庭的重大变故，中间代因为被监禁、死亡或罹患重大疾病而从家庭抚养中彻底退场（Goodman & Silverstein，2002；Kelley，Yorker & Whitley，1997），其孙辈失去父母照料，祖孙两代组成真正意义上的“隔代家庭”（skipped-generation family）（Mills，Gomez-Smith & De Leon，2005）。

对于隔代家庭中的祖辈，国外研究称其为“替代父母”或“替代父母抚养者”（substitute parents），指的是在父母不再承担儿童抚养责任后，为孩子提供陪伴、照料、教育等全方面抚养内容的人。祖父母选择成为替代父母出于不同的考虑。多数祖辈不希望看到孙辈被安置在寄养家庭或者抚养机构，他们认为自己才是唯一有可能用心抚养孩子的人。（Hunt，2018）一些祖辈相信自己可以提供比原来的父母更好的照顾，他们希望重新培养他们的孙辈。（Bert & Patricia，2005）还有部分祖辈照顾孙子孙女的目的是让孙子孙女帮助自己遇到危机的成年子女。（Hayslip & Kaminski，2005）

成为替代父母并不比做真实父母更轻松。对于祖辈而言，除了上述主观施加的压力外，收入能力、文化习俗、社会保障等许多客观因素都可能对他们的身心造成负面影响。心理困境指的是由于遭受挫折或心理冲突，或预估可能遭受挫折或心理冲突而产生的一种负面的心理状态。（王志贤，2017）不同于心理症状或心理障碍，困境包含的范围更广泛。本研究的心理困境，指的是隔代家庭里祖辈在转变为替代父母的过程中产生的负面心理状态，包括其认知、情感、行为等各方面的反应。

从生理方面看，研究认为祖辈成为替代父母会加重劳务负担，并且减少锻炼身体的机会，更有可能出现心脑血管疾病等多种疾病（Musil，1998），甚至会耽误及时参与医疗就诊（Baker & Silverstein，2008）。从心理方面看，尽管一些研究认为成为替代父母能够给祖父母带来积极影响，有些祖父母为能再承担父母角色感到幸运，效能感得到提升（Burton，1992），但更多的研究结果是消极的，认为在不同阶段祖辈会经历不同的心理困境。祖辈常因自己的孩子（孙辈的父母）吸毒成瘾、监禁或因病身亡而感到羞耻、内疚或焦虑（Joslin，2000），这使得他们在成为替代父母之前就更为脆弱；成为替代父母后，祖辈更容易出现角色混乱（Hughes，Waite，Lapierre & Luo，2007），由于他们对青少年时兴的问题、危机等相对不熟悉（Hayslip，Shore，Henderson & Lambert，1998），当孙辈身上发生棘手事件时，他们可能会积累更多的负面体验；同时，祖辈缺乏相应的排解，因为全力照料孙辈挤占了他们的业余时间，使他们无法参与曾经享受的活动或者执行想象中的人生阶段计划（Jendrek，1994）。在漫长的替代父母过程中，祖辈产生更多孤独甚至抑郁情绪。（Landry-Meyer，

Gerard & Guzell，2005；Harnett，Dawe & Russell，2014；Erin，Susan & Ros，2016）

国内关于替代父母群体的直接研究不多，相关的研究大部分基于留守家庭开展，存在一定的概念混淆。实际上，留守家庭是多代家庭（multi-generation family）的一种，与狭义的隔代家庭有一定区别。在留守家庭中，外出打工的中间代仍保有父母形象，他们通过电话、视频、回家探望或者提供经济补助等方式，仍能对祖辈提供支持。对于留守的祖辈而言，主动提供的隔代照料是对中间代的帮助，其中包含着一定的协商和互惠。（郑佳然，2019）而研究认为，主动参与隔代抚养的祖辈心理状态更积极，生活满意度更高，抑郁情况更低。（张田、傅宏，2017；黄国桂、杜鹏、陈功，2016；王亚迪，2018）

这些结论很可能忽略了其中狭义隔代家庭里的祖辈，因为已有研究认为，原生父母离开频率和时长会对家庭抚养带来显著影响。（王争艳、程南华，2014）是否有中间代的支持、如何解释中间代的离开，这都可能会导致祖辈成为替代父母经历的心路历程、感知到的困难不同。已有的少量研究显示，对于留守祖辈的研究结论无法直接运用于成为替代父母的祖辈，一项在香港实施的质性研究指出，在隔代家庭中，祖父母承担着父母角色的表达和延伸，成为替代父母让他们感到抚养非常困难，也常常感到孤独（Suet Lin Hung，et al.，2018），因此需要对替代父母进行更有针对性的研究。本研究旨在了解隔代家庭中的祖辈成为替代父母的心理历程，即祖辈在转变为替代父母的过程中对客观外界的主观反应，包括其认知、情感、行为等各方面的变化，以梳理其遭遇的心理困境，并剖析其心理困境的成因，将其独特性呈现出来，提出相关的帮助建议。

二、方法

在本研究中，由于笔者想要了解成为替代父母的祖辈的心理动态发展过程，以及感受性的经验，因此使用质的研究方法。

（一）研究抽样

本研究选取样本时采用目的性抽样和强度抽样的原则，根据研究目的抽取信息密度大、强度高的访谈对象。在实际样本选取过程中，笔者具体采用“方便式抽样”策略，依托于一家为儿童提供社会服务的机构，寻找隔代家庭。该机构的服务对象包括具有身心疾患的儿童、身心健全但家庭结构不完整的儿童。经机构同意后，笔者到机构招募愿意接受访谈的、一年以上无父母抚养的健全儿童的祖辈，包括祖父母或外祖父母。

共招募18位自愿接受访谈的替代父母抚养者，其中女性10位，以代号N开头计数；男性8位，以代号Y开头计数。受访者中包括6对夫妻，出于研究伦理和资料真实性的考虑，访谈均为笔者与受访者一对一面谈，并未进行夫妻访谈。18位受访对象的基本信息如表一所示，年龄范围在58—80岁，平均年龄为66.28岁；替代父母抚养时长为2—16年，平均年限为10.17年。受访者详细资料见表一。

表一　受访者详细资料

受访对象	性别	年龄（岁）	孙辈年龄（岁）	抚养时长（年）	子辈情况	工作	是否失独	配偶情况
N1	女	62	14	14	女儿确诊精神分裂，女婿离开	有	否	丈夫Y1
N2	女	65	13	3	儿子儿媳离婚，儿子车祸离世	无	否	丧偶
N3	女	67	9	2	儿子生病离世，儿媳离开	无	否	未受访
N4	女	58	12	5	儿子生病离世，儿媳离开	有	是	未受访

（续表）

受访对象	性别	年龄（岁）	孙辈年龄（岁）	抚养时长（年）	子辈情况	工作	是否失独	配偶情况
N5	女	73	18	16	儿子儿媳离婚，分别离开家庭	无	否	丈夫 Y2
N6	女	66	16	15	儿子逃债外出，儿子儿媳离婚	无	否	丈夫 Y5
N7	女	64	13	9	儿子逃债外出，儿子儿媳离婚	无	否	丈夫 Y4
N8	女	62	13	13	儿子车祸去世，儿媳离开	无	是	未受访
N9	女	61	14	13	女儿因病去世，女婿离开去世	有	是	丈夫 Y7
N10	女	66	15	4	儿子儿媳离婚，儿子因病去世	无	是	丈夫 Y8
Y1	男	64	14	14	女儿确诊精神分裂，女婿离开	有	否	妻子 N1
Y2	男	80	18	16	儿子儿媳离婚，分别离开家庭	有	否	妻子 N5
Y3	男	70	15	14	儿子服刑中，儿媳离婚离开	有	否	离异
Y4	男	69	13	9	儿子逃债外出，儿子儿媳离婚	无	否	妻子 N7
Y5	男	67	16	15	儿子逃债外出，儿子儿媳离婚	有	否	妻子 N6
Y6	男	63	11	4	儿子确诊精神分裂，儿媳离开	有	是	丧偶
Y7	男	66	14	13	女儿因病去世，女婿离开去世	是	是	妻子 N9
Y8	男	70	15	4	儿子儿媳离婚，儿子因病去世	无	是	妻子 N10

这些祖辈来自三类不同的家庭背景，一是孩子父母双方健在的，有 7 位；二是孩子父母有一方已经去世或重病的，有 9 位；最后一种是孩子父母都已经过世的，有 2 位。研究采取一级编码饱和原则来判断人数是否饱和。由于访谈、转录、一级编码基本同时进行，当一级编码进行到第 16 位时，发现一级编码趋于饱和，只抽取出少量新的内容；第 17、18 位受访者的资料作为验证，确认不再产生新的一级编码，初步建立的理论框架还原到两位受访者的原话中进行比对，发现所建立的理论体系具有内在一致性。本研究的 18 位受访者样本数量达到饱和。

（二）研究过程

1. 预访谈

笔者根据研究目的，通过阅读相关文献（Hung，Fung & Lau，2018），并结合研究目的拟定了初始访谈提纲，并对先接触到的两位受访者进行预访谈。考虑到本研究的受访者特点，以及访谈内容对受访者的反思有一定要求，笔者对预访谈框架进行了修改完善。

2. 正式访谈

在访谈实际开展的过程中，由于是半结构式访谈，问题展开会依据受访者的回答进行调整适应。访谈一般在周六或周日进行，笔者与受访者提前约定时间和地点进行访谈。正式访谈的提纲主要包括三部分：访谈引入、访谈主体、访谈结尾。访谈引入主要是拉近双方的关系、获取受访者个人的基本信息，了解其家庭基本构成。访谈主体主要包括：

（1）受访者的家庭变故；

（2）成为替代父母前后的心理变化；

（3）与子辈和孙辈的关系变化；

（4）在代替父母抚养孙辈过程中遇到的困难。

对每位受访的祖辈至少进行了三次面对面深度访谈（有些访谈考虑到祖辈精力问题进行了四次）。

（三）资料分析

扎根理论要求相关研究者对数据中可识别的任何理论都保持开放，始终以原始资料为驱动，尽量保持头脑的空白，不带理论预设。（吴继霞、何雯静，2019）文本转录后，在开始编码之前，笔者先把转录稿通读了几遍，从整体上感受访谈内容，对每一位受访者的故事都有了较为深刻的印象。质性资料的分析借助 Nvivo 11 实现，该软件可以将对数值的资料进行索引、搜寻、理论化。

1. 一级编码

本研究在 18 个受访者资料中一共找到 1549 个参考点，最多一位受访者提供 104 个参考点，最少一位提供 52 个参考点。在初始编码阶段，笔者将各个参考点进行对比。如果不同参考点具有同种内涵便归为一个概念，以此提取出一个代码，对代码的命名尽量采用了受访者使用的话语，以保留资料的原始意义。研究共生成 159 个一级编码。

2. 二级编码

基于初始编码建立编码系统，围绕研究主题对编码所反映的意义做进一步的萃取、聚焦、发展，经过比较，获得19个与研究主题相关的码号，作为二级编码。以二级编码中“一贯的抚养观念”和“新的抚养观念”为例加以说明。

表二　二级编码与初始编码示例

一贯的抚养观念			新的抚养观念		
序号	初始编码	参考点	序号	初始编码	参考点
1	孩子不能没有爸妈	23	1	孙辈也是我的孩子	28
2	孙辈又不是我生的	18	2	我补偿孙辈	24
3	我说了不算	13	3	不是为儿女服务	18
4	人要为自己生的孩子负责	9	4	孙辈有我就够了	16
5	抚养孩子是爸妈天职	8	5	我现在是家长	11
6	我只是爷爷奶奶	8	6	我带孙辈也挺好	7
7	孙辈不会听爷爷奶奶的	8	7	我全权为孙辈负责	7
8	我只能帮忙	7	8	养恩更大	5
9	孩子最亲爸妈	3			

经过同类比较，发现“我只是爷爷奶奶”“我只是帮忙”具有资料的同一性，归于同一类属（一贯的抚养观念）；经过异类比较，“孙辈又不是我生的”和“孙辈也是我的孩子”具有差异性，将前者归于一贯的抚养观念类属，将后者归于新的抚养观念类属。对于同一个受访提供的资料按照前后顺序进行纵向比较，发现从“我只是爷爷奶奶”到“我现在是家长”，从“孩子不能没有爸妈”到“孙辈有我就够了”都能体现出观念的改变，提示了这两个类属之间的递进关系。

3. 三级编码

在 19 个二级编码的基础上，围绕“替代父母”这一主题建立了 6 个树状节点，分别是“被动卷入”“延缓代替父母”“尝试取代父母”“重新区分”“心理困境的由来”“心理困境的表现”。该阶段进一步清晰了范畴之间的联结，下表为三级编码及其对应的二级编码。

表三　三级编码与二级编码

三级编码	二级编码	参考点
被动卷入	注意被分散	70
	没有做好准备	59
延缓代替父母	一贯的抚养观念	87
	保有良好联系	83
	采取挽回策略	94
	延续抚养方式	52
尝试取代父母	新的抚养观念	106
	淡化中间代形象	37
	更紧密的祖孙关系	98
	拓展抚养内容	83
重新区分	权威的瓦解	44
	降低抚养期待	21
心理困境的由来	被迫承担责任	120
	陷入关系纠缠	62
	周围不合理的期望	76
	能力与责任不匹配	116
	缺乏情感支持	90
心理困境的表现	回避社交	93
	消极的情绪反应	158

4. 主题凝练

在三级编码上进一步探索核心的主题，发现“被动卷入”“延缓代替父母”“尝试取代父母”“重新区分”这四个树状节点可以概括为“心理历程”，“心理困境的由来”“心理困境的表现”可以凝练为“心理困境”。

将两个主题还原到受访者的原话中分析发现，“心理困境”中，困境由来的 4 个类属出现阶段不同，当替代父母处于不同心理历程时，关注的问题焦点不同，造成其该阶段心理困境的主要由来不同。

5. 效度检验

本研究采取参与者检验法和非参与者检验法。

（1）参与者检验法

笔者在得到研究结果后，邀请受访者对研究结果进行检验。受访者基本掌握研究结果后，邀请其评估结果的描述型、解释型和评价型效度。其中，描述型效度是指，本研究对隔代家庭中替代父母抚养者心理变化的描述是否真实；解释型效度是指，本研究对隔代家庭中的抚养者替代父母过程的分析解释是否合理；评价型效度是指，本研究对受访者的心理与行为评价是否恰当。

评估采取 7 级评分，1 分表示“低”，7 分表示“高”，结果显示，三种效度的平均数分别是 7 分，6.07 分，5.64 分。

（2）非参与者检验法

本研究选择考察编码一致性指数进一步评估效度，邀请笔者以外的 1 位非心理学研究生编码者对相同材料进行编码，计算相同编码个数占总编码个数的百分比，编码一致性 CA =0.77，一致性良好。

三、结果

(一) 不同的家庭背景类型

这一节将选取三类不同家庭背景中的代表，分别是孩子父母双方健在的、孩子父母中有一方过世或重残的、孩子父母双方都过世的，直观地呈现不同背景下的隔代家庭中的祖辈具体如何成为替代父母以及当前最大的心理困境。这些家庭的共同之处在于，无论孩子的父母是否健在，他们近一年内均未与孩子或祖辈共同生活。

1. 他们还活着，倒不如死了

N5 的儿子和儿媳都还活着，这两个人曾带给她最大的伤害。对于 N5 来说，目前一切苦难都是他们两个造成的。她虽然仍未原谅他们，但目前摆在她面前的挑战很多，孙子的未来才是让她觉得最难把握的事情。

十几年前，儿子儿媳离婚后各自离家，N5 和丈夫一起用了各种办法想把儿子找回来。但孙子一次住院经历击碎了她的幻想。儿子儿媳不仅没回来，也不再回她的电话，她的儿子甚至换了电话号码。N5 只好选择正式退出工作，全力照顾孙子。

N5：“十几年了，我儿子从来没有回来看过我孙子一眼，连个电话都没有打过。他也没有联系过我们，我不知道他是死是活。我倒宁愿他死了，他死了我心里还好受一点。他妈妈也是，太狠心了，怎么会有这么狠心的妈妈呢？”

对 N5 来说，她最痛苦的事情是两个年轻人都还活着，每次想到儿子和儿媳，她都无法平息对二人的怨恨。她认为就是这两个不负责任的人，害得她和丈夫晚年生活非常艰难，并且在别人面前抬不起头来。尽管经济方面有点紧张，她也从没有向别人求助过。因为她觉得外面的人都靠不住，更何况她也不想让孙子和自己一样被人看笑话。

N5：“我照顾我孙子没话说的，没有那两个没良心的我也行，我照样把我孙子养大。……我跟他说的，这个世界上只有爷爷奶奶对他是真心的，什么爸爸妈妈都是虚的。”

N5 认为，她现在最大的担心就是自己和丈夫的年纪大了，而孙子还小。这几年，对于孩子学习、工作的事情，她和丈夫一点忙都帮不上。她和丈夫的身体也越发不好，而孙子对此也非常担忧，曾经在两人面前哭过。对此，N5 不知道该如何安慰孙子。N5 对未来感到绝望，她觉得自己和丈夫一天天地失去抚养能力，成为了“两个没有用的老东西”。

2. N2：她还活着，我不会让孙女去认她

N2 的孙女 5 岁时。儿子儿媳就离婚了，抚养权交给了孩子爸爸，其后 N2 和丈夫一起帮忙带孙女。孙女 10 岁时，N2 的儿子出了车祸，N2 曾经联系前儿媳，也就是孙女的妈妈，让她帮忙把孙女接过去照顾一段时间。

N2："那个时候，她把我孙女送回来，我真的是很没有办法。我就差跪下来求她了，那个时候我们根本没有精力去照顾孙女，一门心思都在我儿子身上。她是孩子的妈妈啊，离婚以后她从来没有照顾过孩子，没有出过抚养费，我们从来都没有找过她。就那几天，她说她照顾不了，放在医院里她就走了。她也没看一眼我儿子。我当时，当时真的生气，太生气了，在医院里面，我又不能吵出来，叫别人看了像什么样子？我憋在心里，难受，太难受了。"

后来 N2 的儿子离世，儿媳始终不愿答应抚养孩子，拒绝 N2 把孩子送到她住的地方。N2 从满怀希望到一次次失望，最后彻底与儿媳决裂，开始自己事无巨细地照顾孙女、管教孙女。N2 身体不好，她知道自己该多休息，但觉得只有这样做让自己感到心安。

N2："我孙女可怜的，这么小没了爸爸，我肯定要补偿她。她还小的时候，不太懂事，会问我要妈妈。我说你妈妈不要你了，只有阿婆要你，阿婆会照顾好你的。她做作业要吃水果，我都帮她把皮削好、籽去掉，端到她桌上。她说她要去春游，……别说你要去春游，你要干什么阿婆都支持你。我肯定要让我孙女知道，谁才是对她好的那个人。"

对 N2 来说，她最大的担忧是，以后自己老了，孙女的妈妈如果回来，要孙女服侍她，很可能孙女还是会赡养她。每次想到这样的局面，N2 都觉得难以忍受。因此她常常会问孙女要保证，保证至少在自己还活着的时候不要认这个妈。邻居、社区工作人员经常劝她不要在孩子面前说她妈妈的不好，不让大人的恩怨去影响小孩，对此 N2 感到非常委屈。

N2："他们讲的道理是有的，不能把小孩给影响了。但是叫我应该要维护母女关系，我做不到的。他们根本就不知道，她妈妈真的不是什么好妈妈，我为什么要叫我孙女去亲近那样的妈妈？……她哪里有一点对得起我？也没有别人听，……不就只能说给我孙女听？"

3. Y8：他们都走了，孙女只有我们

Y8只有一个女儿，当年找了个外来的女婿招进门，不久就有了一对双胞胎孙女。Y8的女儿还没出月子就出现了精神异常，怀疑有人要害自己，最后因为意外去世。Y8希望女婿作为爸爸经常回来看看孩子，就算难得露面，也能用爸爸的威严好好管孩子，但女婿并没有答应。

Y8："他说这是两个女娃儿，又是姓的我家的姓，养也该是我们养。我当时觉得理倒是这个理。但是我肯定是不指望她们给我养老的，我都看不到她们长大的一天。就是她们爸爸不肯管，我还是不高兴的。我女儿没了以后，我把她们当女儿养也成，但是我和老太婆两个人只是爷爷奶奶，说话不顶用，娃儿不会听我们的。"

把孙女们当女儿养的Y8和妻子过得比较辛苦，常常一个人打好几份工。但经济问题不是最主要的，他始终认为，教育孩子才是最难的。孩子们还比较小的时候，就不太听Y8的话，非常调皮。Y8有时候会打她们，但是打完就非常后悔。到孩子开始上幼儿园中班的时候，Y8就没有再打过她们。女婿自始至终也没有回来管教过自己的孩子，后来也因意外离世。Y8关于教育孙辈的挫败体验越来越多。孙女们的成绩始终在班上是倒数，两个人只有差和更差的区分。她们越来越不愿意跟爷爷奶奶交流，每天放学回来就钻进房间，连晚饭

都会端到房里去吃。

Y8："……我现在确实是听不懂她们在讲什么，叽里呱啦，反正肯定是跟学习没什么关系。她们考得差，我说说她们，她们就说那我去考，不知道能考几分。她们现在就是完全不听我们的，不把我们当爷爷奶奶看。我早就说过，我们只是爷爷奶奶，我不可能把她们培养多好的。"

（二）成为替代父母的心理历程

上一节介绍了三种不同类型的家庭背景中，祖辈成为替代父母各自不同的经验。本节将整合各部分要素，包括各个类属及其内涵、访谈引文，从整体上呈现隔代家庭中，祖辈成为替代父母心理历程。4 个三级编码分别对应 4 个发展阶段，分别为被动卷入、延缓代替父母、尝试取代父母、重新区分。每个阶段都会涉及祖辈的抚养观念、与前抚养者的关系、与孩子的关系以及抚养的策略或内容。

1. 被动卷入

这一阶段持续的时间很短，一般在一个月以内，最短的只有三五天。本阶段中，祖辈考察的主要是抚养以外的事情，但那些事情对于祖辈来说是一种标志，具有开端意义。

根据访谈资料显示，成为替代父母不是祖辈的主动选择，而是由于家里发生重大事件，部分家庭成员抛弃抚养责任，家庭结构发生改变，祖辈才被动地卷入了全权抚养孙辈的过程。梳理受访者资料，以表四简要呈现受访者的家庭变故。

表四　受访者家庭变故简要情况

受访对象	家庭变故
N1、Y1	女婿入赘，孙子是早产儿。女儿产后出现脑萎缩症状，女婿照料了几天就离开了医院，此后再也没有回来照料虚弱的儿子或患病的妻子，并且以自己多病贫穷为理由，离婚后只愿意每月支付 100 元抚养费。后来 N1、Y1 与女婿彻底断绝联系，老两口承担女儿的医疗费超过 100 万。
N2	N2 早年丧偶。儿子儿媳在孙女 10 岁时离婚，不到一年时间，儿子遭遇车祸受重伤，在儿子治疗的一周里，N2 联系了儿媳，儿媳把孩子接过去照顾了两天，但又以工作忙为理由把孩子送回。儿子离世后，儿媳不愿意抚养孩子，也没有探望过孩子。
N3	儿子先后有两任妻子，孙子是前妻所生。N3 先是阻止儿子和前妻离婚未果，后反对儿子再婚又未果。孙子七岁时，儿子再婚。婚后不到三个月，儿子突发急症，前往上海医治后回到家中，当天晚上不幸去世。前儿媳已重组家庭，不愿接回孩子；现儿媳只要平分财产，不要孩子。N3 和丈夫不识字，但为了给孙子留下财产，与现儿媳打了官司。
N4	孙女不到四岁时，儿子得了癌症，为了看病家里欠下沉重的债务，儿媳照料三年多后离开。五个多月后，儿子离世。操办葬礼期间，N4 的婆婆受不了孙子去世的打击也卧病在床。
N5、Y2	孙子出生一年多后，儿子儿媳婚姻关系恶化，经常吵架，N5 尽力劝和。某天 N5 下班回到家中时，被 Y2 告知儿子儿媳已经当天离婚，而且儿媳收拾所有东西离开了。几天后，儿子也一走了之，切断了跟家里的所有联络。十多年间，N5 和 Y2 再也没有联系上儿子。
N6、Y5	儿子婚前就有赌瘾，曾被追债过一次，N6 和 Y5 其他的子女帮忙还了十几万的赌债。儿子发誓洗心革面，收心结婚生子，在孩子出生几个月后瞒着家人再次开始赌博。高利贷追上门时，N6 和 Y5 才知道儿子在一年多的时间里欠下二十几万。儿媳离婚离开，儿子讨债到外省不敢回来，也不敢联系家人。

（续表）

受访对象	家庭变故
N7、Y4	孙子三岁多的时候，儿子开始赌博，夫妻关系不和。僵持一年左右，儿子儿媳离婚，先后离开家庭。儿媳定居外市不久患癌，因此不愿抚养孩子；儿子去外省打工并在当地重新组建家庭，不回家也从不联系家里。
N8	孙女刚刚出生，儿子车祸去世。儿媳坐完月子后离开，回到老家重新组建了家庭。N8 的丈夫患病，多次联系儿媳，并前去当面恳求儿媳接走孙女，但儿媳已经重新组建家庭，并养育了三个孩子。两年前，孙女 11 岁时，N8 丈夫去世，N8 深受打击，一年前被确诊抑郁症。
N9、Y7	两个孙女刚出生，女儿出现了严重的妊娠并发症，经过努力救治，仍然在孩子仅有五个月大的时候去世了。女儿去世后，女婿没有照料过两个孩子就离开了，不到两年的时间，他也因为意外去世。
N10、Y8	儿子儿媳离婚早。孙女六年级时，儿子因为胃癌去世，儿媳并没有把孙女接过去，而是继续留给 N10 和 Y8 照顾。Y8 四年前中风，左手不能正常活动，生活无法自理，N10 退休后在家里照顾他。
Y3	孙子出生不到两个月的时间，儿子在外省斗殴致人重伤身亡，一年内被抓捕归案。Y3 不识字，但也不得不为儿子的官司奔走。儿子被判服刑 15 年，儿媳感觉无望于是离开，并且不愿带走孩子。
Y6	孙子两岁多时，儿子出现精神异常现象，后医院确诊为精神分裂，并长期收治。孙子五岁时，儿媳返回外省的老家，不久后在当地重新组建家庭，没有再回来过。

重大事件包括子女罹患精神类疾病（N1、Y1、Y6）、车祸（N2、N8）或重病去世（N3、N4、N9、Y7、N10、Y8）、长期服刑（Y3）、躲债外出（N6、N7、Y4、Y5），以及单一的离家出走（N5、Y2）。

一般情况下，中间代在家庭中掌握经济和文化优势，他们承担着抚幼赡老的主要责任，同时负责处理家庭遇到的重大事件。但是在受访者的家庭中，负责处理家庭重大事件的全部是祖辈，而非剩下的那个健在的、有能力的中间代。这些年轻人在家庭重大事件面前做出了逃离的选择，把处理重大事件的压力都扔给了祖辈。这导致在那段时间祖辈的生活不得不围绕着操办丧事、缓和家庭矛盾、到处借钱、处理官司等具体事务展开，大部分注意被分散，没有精力与离开的孩子父母探讨关于抚养责任的问题。

在勉力照顾孩子的过程中，祖辈出于善意，挤出剩下的一点点精力去照顾年幼的孩子，但是无法完全顾及。N9："太苦了，那段时候，我女儿在抢救，两个小的刚出生，喝不到妈妈的奶，本来就很小，很虚弱，我们也不知道怎么办。我们两个在医院里团团转，有的时候确实顾不上她们两个。"

这是一段很辛苦的时间，他们也都没有做过长期、全权抚养孩子的心理准备。在他们看来，带孩子原本是一件给晚年生活增添乐趣的事情，是享福的一部分。N3："我终于是把我儿子从农村里培养出来，在城里结婚找工作的。我儿子那个时候每个月收入就有一万二，他全款买了这个商住小区的房子，他叫我不要工作了，我就是帮忙带带小孩，这个我很乐意的，是享我儿子的福了。"但前提是他们只作为分担者，而不是做孩子的全权负责人。

表五梳理了"被动卷入"阶段的内容。

表五 "被动卷入"阶段内容梳理

三级编码	二级编码	内涵简述
被动卷入	注意被分散	该主题主要涵盖了隔代家庭发生的变故，解释了祖辈处于被动、尚未考察抚养责任的客观原因
	没有做好准备	祖辈在本阶段关于抚养的主要状态是没有做好准备，这不仅表现在心理上没有反应过来，而且在行动上他们也无法照顾孩子的方方面面

2. 延缓代替父母

当家庭重大事件的影响基本被控制时，祖辈开始考虑孩子的抚养问题。这个阶段维持的时间大约在一年以内。由于没有多个看护者分担，有八位受访祖辈因为分身乏术，选择辞职或提前退休。在这个过程中，祖辈感受到更多抚养压力，内心更不愿意代替孩子的父母进行抚养，倾向于挽回孩子的父母，延缓自己成为代替父母的进程。

受访的祖辈会评估孩子的亲生父母与抚养的关系。本阶段他们坚定地认为父母对孩子成长不可或缺。N8："孩子还是有爸妈好，小的时候不明显，长大了没爸妈一个小孩总归是苦的，没人教她带她养她，不能没有爸妈，不行的。"N7："他妈妈……我知道她也没法工作了，但是毕竟还是他妈妈，小孩要是过去，肯定还是她好管。小孩肯定是跟自己妈妈亲的，爷爷奶奶总是隔一点。"

祖辈也会评估自己的抚养身份。结合一贯的观念，他们始终把自己定位在辅助抚养的角色上，认为自己抚养孩子名不正言不顺。N4："我肯定要交给她妈妈的呀，我这个老太婆怎么管她呢？我又不是她妈妈，我说了不算的呀，我孙女她不会听的。"

这一时期，祖辈与先前离开的中间代恢复了联络，关系变得更紧密了一些。一方面是因为，在经历过重大事件和家庭成员的离开后，祖辈需要得到安抚，他们会给自己一些希望，至少让自己相信自己与中间代的关系尚可。Y2："我怎么会想到我儿子媳妇会这个样子扔了小孩不管？不会的呀，想都没想过，我那个时候觉得他们肯定会回来的，人肯定是要有点盼头。"面对中间代缺席孩子成长的事实，祖辈甚至会在心里帮他们开脱，对他们暂时的离开表示理解。N5："先前还是由他妈妈带的多，孩子刚生下来那两个月。白天夜里喂奶，小孩子日夜颠倒，照顾起来是辛苦的。"N3："我前面那个媳妇不肯答应，我也能懂的，谁叫我儿子那个时候一定要离婚呢。"

另一方面，维系与前抚养者的关系也是祖辈的一种抚养策略，他们不希望与中间代把关系搞僵，导致他们不愿意回来抚养孩子。如果祖辈自己曾与中间代发生过矛盾冲突，他们会向孩子父母道歉或者做出保证。N2："我跟我媳妇说明的，前面呢我自己也有比较冲的时候，我这个人就是有的时候说话比较直，但是我心没有坏心的。以前可能是我让她有点受气了，我意思就是希望她能看开，度量大一点，以后我们两个人搭伴把这个小孩带大。"如果祖辈先前与孩子父母并没有直接冲突，他们会试图唤起孩子爸妈对孩子的感情。N3："我跟我儿媳说……没妈的孩子都是很可怜的，我孙子不算是没妈的孩子，是有后妈。但是我跟她说只有亲妈才会对小孩有感情，后妈根本不会真心对他的，也不会关心他要吃什么，别的小孩都有好些个玩具，他后妈从来没给他想过。"还有一些祖辈并不认为自己能够唤起孩子父母对孙辈的情感，他们更愿意直接许以报酬。这些"报酬"包括经济补贴、房子的使用权、更少的家务时间等。

在对待孩子方面，祖辈主要还是像之前一样照顾孙辈。N4："……他后妈走了以后，我就还是像之前一样照顾我孙子。"主观上祖辈仍让把自己放在爷爷奶奶、外公外婆的位置，整体上他们还未调整对自己的抚养身份定位。

不过，比起前一阶段，祖辈在抚养细节上已经有所变化，他们争取为孙辈构建抚育基础，更加关注孙辈的安全。N2："我儿子已经没了，我这个孙女不能再出事。……我就希望我孙女能安安稳稳的。"Y4："家里没人看他了，我把我孙子一直带在身边。……小孩身边没有自己人还是不放心，现在没了他爸妈，我对他的安全更加重视了。"

表六梳理了"延缓替代父母"阶段的内容。

表六 “延缓代替父母”阶段内容梳理

三级编码	二级编码	内涵简述
延缓代替父母	一贯的抚养观念	该主题是祖辈进入延缓代替阶段的标志。尽管既有事实与他们内心关于家庭、亲子、祖孙等的惯有信念不相符，他们不会在第一时间违背以往接受的观念，不愿意直接代替父母进行抚养
	保有良好联系	该主题涵盖了祖辈在本阶段内心关于孩子亲父母的一些认知，整体上他们还保留对中间代的好印象，至少是单方面、内心愿意与他们保持好关系
	采取挽回策略	祖辈会采取或委婉或直接的策略让孩子亲父母回归家庭、承担抚养责任，有的争取情感共鸣、有的提出利益交换，也有同时使用多种策略的
	延续抚养方式	本阶段祖辈主要延续了先前类似的抚养方式，但他们会对孙辈的稳定和安全提升注意

3. 尝试取代父母

这是一个相对漫长的阶段，会持续几年到十几年甚至更长，受访的祖辈大多正处于本阶段。当祖辈挽回中间代失败，孙辈身上出现新的、紧迫的抚养需要时，祖辈会逐渐放弃延缓代替父母的想法与行动策略，尝试承担本该完全由孩子父母承担的责任。几乎所有的祖辈都提到在这一阶段带着孙辈求医问药的经历，其中有两个孩子曾被医院诊断为“相当严重”“这个小孩养不大的”。其中一位祖辈 N3 遇到的孙辈问题比生理疾病更让她觉得陌生——孩子出现了创伤后应激反应。N3 的孙子在爸爸离世的三个月后，突然缩到墙角、持续几天不说话、拒绝上学。面对孩子身上突发的这些情况，处于上一阶段的祖辈们第一反应都会想求助孩子父母。N6：“那个时候我孙子要住院，我也细菌感染，实在是没办法。我给他爸爸打电话，我存了他手机号的，那边接起来听我说，然后说你打错了。他爸爸不肯来，到那个时候了，他还是不肯来。”

确认了孩子父母不可能再回来，为了应对抚养中的挑战，原本文化程度不高、应变能力较一般、处于弱势的祖辈不得不靠自己的努力把孩子从困境中解救出来。正是这些事件的解决，帮助祖辈树立了抚养的信心，他们开始尝试取代孩子的父母，快速地拓展新的抚养内容。其中最为典型的是关注孙辈的教育问题。他们会对孙辈提出更多关于学习成绩的要求、为他们请家教。N1 的孙子在学习上存在一定的障碍，于是她在孙子小学阶段进入课堂伴读，每天回家把教学内容再教一遍给孙子，帮助他跟上了同学们的学习节奏。N1："这种事情本该是他爸爸要做的，关心他的学习、教育，不懂的题目爸爸教，爸爸请老师等等。但是我已经不指望那个家伙了，事实证明我这个老太太也能做到。"

还有一些祖辈会考虑满足孙辈非物质性需求。总体上，祖辈主动地拉近与孙辈的关系，比起前抚养者，他们会付出更多，把孙辈的需求放在自己之前。为此，他们常常会牺牲个人的休息、休闲甚至是健康，例如整晚看顾、忍受劳累或病痛、减少个人支出等等，并且会强调这种牺牲。N5："……我们为了这个小孩，可以说付出得够多、够多了。我们两个老的反正花得也少，基本上不怎么花钱，就是把这个小的放在第一位的。他要喝牛奶，两个礼拜一箱；他要买书，也是几十、几百一买，我们跟他爸妈不一样的呀，不是那种脑子里面只有自己的人。"

祖辈们承认，在本阶段努力付出的同时，也会采取争夺孙辈亲密感的策略，希望得到孙辈更多的关注，因为孙辈的关注能给他们很大的慰藉。N2："我有的时候会跟她说的，你看你妈从来都不给你钱。你出去春游，不管你要多少，就算阿婆自己不花，都要给你。只有阿婆是一直关心你的，她也说是的。我想想就是她也别把心思放她妈身上了，反正她妈也不是个好妈妈。她说一句'是的'么，我想想我也没有白疼她。"通过亲密策略，祖孙关系变得非常亲密。Y3："别的我不敢说，就是到了这个时候，只有我这个大大（爷爷）真的是他最亲的人了，连他妈妈都没有这么亲的，他妈妈连尿布都没有给他换过。"

通过本阶段的努力，祖辈探索出了新的抚养意义，这个“新”是相对于他们先前惯有的观念而言的。祖辈不再认为自己是为了中间代服务，他们中的一些会把孙辈看作自己一个全新的孩子，这样的情况发生在多子女的家长身上比较多，如 N1、Y1、N5、Y2；还有部分将孙辈看作子辈的替代，这样的情况则更多发生在独生子女的祖辈身上，如 N3、N4、N8 等；剩下的祖辈都认为，自己尽心尽力抚养也是对孙辈的一种补偿，如 N2、N6、N7 等。

在探索的过程中，祖辈分给中间代的注意降低，中间代的形象逐渐淡化。这一点在访谈过程中也有比较明显的体现。经过前后的对比，大部分祖辈不再主动提起孙辈的父母。对于少数提及中间代的受访者而言，一些祖辈会比较直接地指出，他们不再寄希望于中间代会回来。Y4：“他没有寄钱回来，我也不希望他还记得养我们两个老的了，就当是没生过这个不孝子。”

表七梳理了“尝试取代父母”阶段的内容。

表七 “尝试取代父母”阶段内容梳理

三级编码	二级编码	内涵简述
尝试取代父母	拓展抚养内容	祖辈负责了之前没有参与过的抚养内容，其焦点主要放在与孙辈的相处上。帮助孙辈渡过难关是标志性事件，经过该类事件后，祖辈开始逐步全面接手抚养孙辈
	更紧密的抚养关系	祖辈采取了更加主动的维系抚养关系的策略，把孙辈放在自己之前，为孙辈加倍付出，并争夺孙辈的注意，从而成为对孙辈来说更为亲密甚至是不可替代的人
	新的抚养观念	关于抚养孙辈，祖辈打破了惯有的观念，不再认为自己是为了孩子父母而抚养孙辈，更多地考察替代父母抚养孙辈的新意义
	淡化中间代形象	本阶段祖辈对孩子的亲父母不再抱有希望，他们的形象无论是作为前抚养者、赡养者还是家人，都在祖辈心中逐渐淡出了

4. 重新区分

小部分祖辈进入了该阶段，他们开始频繁地应对抚养挑战失败，在围绕自己进行反思的过程中，从尝试取代父母的过程中抽离出来，更加关注自己，包括自己在抚养过程中的角色、作用。

随着孙辈的成长，祖辈明显感受到自己能力下降、权威瓦解，这一过程来得比他们预想得更早一些。这些祖辈在面对新的抚养挑战时，例如孙辈的青春期问题，他们不再像先前那样斗志昂扬。Y5："上次他跟他同学打架……结果呢，他也不肯跟我开口。后面我急了骂了几句，他就顶嘴。我真的是软的硬的都试过了，没办法，谁叫我只是他爷爷，他不听而我的。随他去吧。"在这里，祖辈重新强调自己作为爷爷奶奶的身份。这一表达与他们在延缓代替父母阶段的表述有相似之处，但本质上是不同的。其差别在于，在本阶段，祖辈的这种感慨出现在描述自己所尽的努力之后。他们认为自己已经非常尽力，但终究还是遭遇失败，会归咎于自身受教育程度较低，同时经济能力也不突出，认为终究自己与孩子真的父母不同，在管教孙辈方面不具备合理性。N6："现在就是管不住他了。你说一句，他要么不回你，要么就是有一堆他的道理回你。我是没什么文化的，我又不识字，他比我厉害、比我有主意多了。"

祖辈承认，这种自我质疑实际上一直埋在他们心中，只是前段时间被压了下去。当他们应对抚养挑战失败，产生失控、权威下降的感觉时，那些观念和情绪就重新冒出头来，打击到自己关于抚养的信心和兴致。两位祖辈提及支撑自己仍承担抚养责任的想法是"把债还完"；这个"债"代指抚养责任，而不是指具体的经济债务。两位祖辈盼着"任务结束就好"，将抚养形容视为一种负担，只希望能"早日卸下负担""任务完成"。

实际上，抚养涉及丰富的元素，包括祖孙之间情感的流通、权利义务的转化、双方的各自的成长与告别等等。这一阶段，祖辈降低了对抚养的期待，不再把自己放在“家长”“引导者”的地位上，而把抚养简化为满足孙辈的基本需要、提供物质资源的常规动作。实际上，祖辈已经承受了太多、太久的抚养责任，处于耗竭的状态。N1：“只当爷爷奶奶多好啊，不用操那么多心。老是觉得自己是家长，把这个小孩养这么大，我真的累了。”

表八梳理了“重新区分”阶段的内容。

表八 “重新区分”阶段内容梳理

三级编码	二级编码	内涵简述
重新区分	权威的瓦解	新的抚养挑战出现，祖辈已经不愿意想各种办法去完成。应对失败让他们对自己的身份、能力的质疑重新浮现，他们的权威地位很快瓦解了
	降低抚养期待	因为过度承担，祖辈陷入耗竭，他们对于自己参与抚养的期待降低了许多

(三) 替代父母的心理困境

1. 心理困境的表现

受访的祖辈心理困境的表现主要有两种，一种是情绪上的消极体验，一种是社交行为上的回避与退缩。经过归纳，受访祖辈感到最明显的负面情绪主要包括委屈、怨恨、焦虑、孤独、挫败感和绝望；在行为方面，祖辈不会表现出过激的反应，但是会尽量回避与陌生人、远亲朋友甚至是家族成员的交往。

(1) 消极的情绪反应

按照替代父母的过程来梳理，委屈是出现得相对较早的情绪体验之一。他们不断回忆，反复确认自己过去是否做了什么，不明白为什么自己的家庭要遭受那样的不幸、自己要受那么多苦。N4：“你说为什么是我？这种事情为什么发生在我头上？别人一把年纪可以享福了，我呢？我是做了什么孽？”N1：“后面跟他（孙子）爸爸索性断了关系以后，我倒也慢慢地不生气了。我是很委屈的。我没什么做得不好的地方，我真的冤，他们都没有我这么苦，有的时候想想，还不如我女儿那样，索性什么都不明白了也好。”

这里的委屈主要表达了祖辈心中感受到的不公平。在他们看来，很多事情是孩子父母造成的，照料孩子也是他们的责任，但他们毫无心理负担地走了；没有做错什么的自己却要因为他人眼光而不得不承担抚养孩子的重责。带着委屈，祖辈做了种种抗争，试图把抚养责任交还给孩子父母，最后却改变不了结果。他们表现出对孩子父母的强烈怨恨。N6：“到这种时候了，我孙子躺在医院里，我怎么讲他爸爸都不肯负一点点责任，我真的恨他，怎么会有这种人？”

尝试取代父母后，强烈的焦虑又成为祖辈主要的负面情绪。在祖辈所处的当前环境中，他们面对着自己能力有限的事实。对于 N1 而言，她担心自己的教导对孙辈的发展起不到帮助作用：“我现在不能跟他（孙子）去上课，心里面是焦的。他还是很多题目不会，我尝试着教一点，隔天他就会回来跟我说哪里又错了，我也很没有办法。我看他成绩一次比一次差，光着急，一点儿劲都使不上，自己一个人在家里胃口都不好。”对于 Y3 而言，他担心现有的家庭条件拖累了孙辈的发展：“我最担心的主要是别人家都上补习班的，我呢，便宜的我觉得没意思，贵一点的呢又上不起，倒是要拖累他（孙子）。”

另一些祖辈对现在尚没有很深的挫败感，但他们担心未来可能出现无能为力的情况。假如他们病倒在床、或者故去，没有人能像自己一样扶持、照顾孙辈。这样的画面近来越来越多地出现在他们脑海里。Y2：“说老是很快的，我已经 80 岁了，我孙子才多大？我是有今天没明天的，能不能看到他明年考大学都是个问题。我没了就剩个老太婆，老太婆也七十几了。我们两个老的没了以后，我孙子就是真正的孤儿了，这世上就他一个人了。我最近总是想到这个，你说怎么能叫我不发愁？怎么能安心？”面对这些焦虑，祖辈不知道该如何排解，因为无论他们怎么用心、怎么付出，都抵御不了身体机能的衰老。N2：“我现在坐在这里跟你讲话，坐一会儿我半边身体就是麻的。我真的不如以前了，今年比不上去年，老得越来越快。我孙女怎么办？这个小的离了我还有谁能这么用心地照顾她？”

抱着这么多负面的情绪感受，祖辈却没有什么可以依托、倾诉的对象。由于年纪较大，一些祖辈的配偶已经故去，一人抚养孙辈的局面让他们感受到了强烈的孤独感。即使是配偶尚在的祖辈，也会因为配偶的不理解甚至是双方的争执而感受到孤独。Y1：“唉，她（妻子）总是说我对这个小孩什么都不做的，这个小孩小时候不是我带，现在就跟我不亲。他们两个倒是还有挺多话讲，孙子跟我都没什么话的，我有时候在家里也觉得是一个人，孤独的。”除此之外，生活里更没有其他人真正愿意走进他们内心倾听、陪伴，旁人对于祖辈的期望对他们来说只是代表着不理解，只会加深他们的孤独。

将自己一路以来内心的感受一点点呈现出来后，几位处于重新区分阶段的祖辈情绪非常低落，更是说出了比较明显的“感到绝望”“没有希望”等话语。他们心中有长年累积的委屈不公、焦虑担忧，都压得他们感觉无比沉重。

（2）回避社交

从被动卷入阶段开始，祖辈就倾向于缩小自己的交际圈。在祖辈看来，家里发生的不是光彩的事，例如儿女离婚、孩子离世或判刑等。Y3：“唉，不太好意思地说，我儿子刚进去那段时间，我关店门关了一阶段的。……这个事情终归不是什么值得到处说的，他们倒有些是特意来关照你一下，但是别的说不清，那个时候真的是招架不住。”

随着成为替代父母的卷入程度加深，祖辈交往圈收缩得更小。他们不怎么以替代父母的身份出现在他人眼前，很少有人会去学校、社区等场所，更不会以孩子的家长参加家长会等活动。Y8：“家长会……我也没去过，我孙女她们也不要我去。就是周围都是爸爸妈妈，然后你一个老的在那里。老师说，孩子爸妈呢，你跟老师可以说，跟别的家长怎么说?”

一些祖辈连家族聚会都不怎么参加，例如亲戚家的喜宴，甚至连逢年过节也不怎么回老家。N7：“带了孙子以后，我们就有好几年没回去了。回去也没什么意思，跟他们生活得也远了，没什么好讲的。总是讲到小孩上来，谁家小孩又怎么样了，谁家媳妇又怎么样了。没意思的。”

这种回避社交的行为让祖辈们感受到更多的孤独无望，他们也因为没什么支持而感到焦虑担忧。这对他们来说似乎变成了一个死结。N2：“我也不晓得怎么办，不想跟别人打交道，但是苦是一个人苦的。人家说最好是有个伴，出去打打麻将也好的。我提不起那个劲，家里面有很多事情要做。最好是有说说话的人，小孩子现在还小，就我们两个，将来很难熬的。”

表九梳理了心理困境的表现。

表九　心理困境表现梳理

三级编码	二级编码	内涵简述
心理困境的表现	消极的情绪反应	作为孩子的替代父母，祖辈受到很多情绪问题的困扰，包括怨恨、委屈、焦虑、挫败感、孤独和绝望。这些情绪层层累加，祖辈没有办法自行排解
	回避社交	祖辈没有什么过激的行为问题，但他们越来越不愿意与人打交道。比起帮子女带孩子的同龄人，成为替代父母的祖辈不会因为孙辈而展开更多社交，反而退到越来越小的圈子里

2. 心理困境的原因

通过对 18 位受访者的资料进行综合分析，笔者发现替代父母的祖辈经常提到的词语是“责任”。在勉强承担这份责任的过程中，祖辈会因为不同原因，产生心理困境的对应表现。需要注意的是，这些让祖辈感到困难的议题不是互斥的，它们常常会在一个人身上同时存在，且它们之间也有着内在的联系。

（1）被迫承担责任

受访的祖辈对于抚养责任都有过全面体察以及评价。他们在陈述关于抚养责任的部分时，会自发将这份责任的来龙去脉解释清楚，以此来着重强调自己是被迫承担的。

几乎所有的祖辈都认为自己已经做了能做的一切。N3：“真的，我什么都提前做了的，前面劝我儿子不要离婚，又劝他不要跟那个女的结婚，还劝他早点去医院。最后这个小孩，我养。从头到尾，我能做的都做了。”而对于其他人，在祖辈看来，他们或多或少都犯了一些错误。例如孩子的亲生父母，他们中的一方或者两方不负责任地离开了家庭、抛下孩子；例如祖辈的配偶，他们没有尽力维持家庭的平稳。N5：“我真的想不通，为什么那个时候我老公还要跟着他们瞎掺和，在里面帮腔、拉偏架。结果好了，他们离婚了，他满意了？”

正是因为自己是无辜的，而其他成员都有错，因此受访的祖辈始终表示自己是不情愿的。N1：“我一直说我是被逼的，没办法，没有别人了。我不去承担，这个家就要垮了。”他们不愿意承担这份责任，也是因为他们已经预见到，这份责任注定了付出很难得到对等的回报，甚至根本就没有回报。Y8：“但是我肯定是不指望她们给我养老的，我都看不到她们长大的那一天。”N2：“她（孙女）要是对我温柔一点还好了，最近她老是对我发脾气。我真的受不了，她一点都不理解我的辛苦，我想想都觉得付出没有意思，没有一点点回报的。”这份由他人原因导致自己被迫接受的责任没有带给祖辈期望中的温暖，这让他们愈发觉得不情愿。

（2）陷入关系纠缠

在成为替代父母的过程中，祖辈先后会面对两组比较矛盾的关系，一是自己与中间代的关系，二是自己与孙辈的关系。有时，这两组矛盾的关系会同时存在，互相影响，造成祖辈内心更加复杂的消极体验。

在延缓代替阶段，有11位祖辈经历了子女配偶的离开。这些祖辈本经历着痛失亲生孩子的变故，处于非常需要支持的时候。子女配偶的离开也是一种巨大的伤害，祖辈无法原谅他们。N10：“那个时候是她（儿媳）过分了。以前的事情总是可以稍微放一下吧，我儿子都死了，人家都说看在死人的面子上，是吧，也不说她能来安慰安慰我了，连个电话也没有。她就是这样狠心肠的一个人。”

还有七位受访祖辈经历的是亲生子女的主动逃离，包括逃债外出、违法犯罪和单纯的离家出走。对这些祖辈而言，这不仅意味着他们要承担抚养责任，而且意味着他们自己被抛弃了。Y4：“他（儿子）欠了钱……一走了之，把这个家抛下了，他儿子、老婆，还有他爹妈我们。我们养他二十几年，讨债的上门，他完全不顾我们。我不知道他怎么能有这个想法的，他真的太没有良心了。就算他回过来，我也不会再认他，不会原谅的。”

到尝试取代阶段，祖辈主要面对的是自己与孙辈的关系问题，很少再与孩子父母直接接触，但是他们与孩子爸妈的关系仍是一个未完成的话题，并且会影响他们与孙辈的关系。在冷静的时候，祖辈能认识到，在自己和孩子父母的关系纠缠中，孙辈是完全无辜的。但是，当情绪涌现，这部分祖辈在处理祖孙关系时，还是不免会出现比较矛盾的做法。一方面，他们会向孙辈控诉孩子父母的不负责任，试图拉近孙辈，区分两代人，告诉他们“不去认爸妈”；另一方面，他们也会常常表示出对孙辈的推拒，把两代人重合起来，常常控诉孙辈“就像你爸/妈”，要把孙辈“送到爸妈那里”。Y8：“平时也还好。她们（两个孙女）一发脾气我受不了，她们跟我吵，跟她们妈一样一样的。我头痛，受不了，我跟她们说，我把你们送到你妈那里去吧。我真的这么想，送出去了省心。”

这些祖辈把抚养孙辈看作是捡起孩子爸妈扔掉的责任，在相当长的一段时间内，他们认为自己是在替自己憎恨的那个人“还债”“做任务”，这个认知加强了他们的委屈、怨恨。Y5：“我宁愿他（儿子）是死了，不是这样不清不楚地跑出去。留个祸害给我。真的，他死了我反而好受很多。有时候想想，他就是死了也死不干净，我还要给这个讨债鬼还债，养他的小孩。小孩是无辜的，我也是无辜的啊。我不知道什么时候是个头，心里乱得很!”

（3）周围不合理的期望

来自周围不合理的期望是造成祖辈心理困境的有一大重要原因。

祖辈常常会提到一个无明确指向的代词“他们”，包括远亲、邻居、社区工作人员以及孩子的老师等。这些人是祖辈所处社会关系网络的重要构成，理论上来说，他们能够为祖辈提供一些支持。但在祖辈提到，这些人并不理解自己，更是对他们抚养孩子提一些要求、目标，让他们无所适从。

当祖辈刚刚遭遇家庭变故时，周围的期望通常是他们要立刻坚强起来。尽管祖辈表示自己知道别人是试图给自己安慰，但回忆那种感受，他们依旧认为并没有从中得到很多帮助。N9：“那时候我女儿刚走，我真的受不了这个打击，他们都叫我不要哭，不要哭，说为了这个孙女我要坚强。我从来都不坚强的，只好一个人晚上哭，想起来一直不舒服。（哭）我连哭的资格都没有？真的很难过。”

到延缓代替阶段，很多人把祖辈想方设法寻找孩子父母的行为看作是祖辈自己的不负责任，对祖辈提出规劝的同时不免带上一些苛责，告诉他们既然作为爷爷奶奶、外公外婆，那为孩子付出多少都是应该的。N8：“那个时候我老公不是一直去找我儿媳妇吗，还托他老乡帮忙问的。唉，一次两次之后人家反过来劝他，说我们两个不如好好带孙女，亲生的孙女，也是儿子留下的一点念头，别人肯定不愿意给我们养孩子的，姓也是姓我们家的，我们为她再怎么做都是应该的。这叫我们怎么说呢，别人以为我们一家人都踢皮球，不肯负责。”

对处于尝试取代父母阶段的祖辈而言，过高的期望是指他人认为祖辈应该维护亲子关系。根据前文结果的呈现，可以了解到祖辈内心关于孩子的父母有难以解开的怨怼，并且常常会无法控制地把这部分感受带入到与孙辈的相处中去。一些担心孙辈心理健康的人，例如孩子的老师、社区工作人员，会劝说祖辈不要将上一辈的恩怨带到抚养中。N8："他们讲的道理是有的，不能把小孩给影响了。但是叫我应该要维护母女关系，我做不到的。他们根本就不知道，她妈妈真的不是什么好妈妈，我为什么要叫我孙女去亲近那样的妈妈？"

（4）缺乏情感支持

祖辈们缺乏的情感支持包括他人的理解、肯定、鼓励等。这个类属没有命名为"缺乏社会支持"，是因为祖辈在访谈中主要强调了对情感支持的需求。社会支持内容比较宽泛，笔者在查阅资料时得到的概念为"个体从他人或社会网络中取得一般或特定的支持资源"，包括物质性支持、信息性的支持和情感性的支持等。（陈晓君，2017）而受访者提到的集中在情感支持方面，出于对原始材料的尊重，笔者把这个概念的范畴划得相对较小。

对于配偶尚存的祖辈来说，自己与丈夫/妻子共同经历了家庭的变故、中间代的离开、孙辈的抚养压力，他们应该是最懂自己的人。但是，多数祖辈都认为，自己的配偶并没有给自己以支持和理解。N1："他（丈夫）在外面赚不到钱也就算了，回家和我也没话说，我再辛苦，他也不会说句休息。我这孙子不是给他们 x 家养的？他跟我女婿不是一个德行？我从来都不指望他的，他就是这么个人。"

对于无配偶的祖辈来说，他们渴求其他人的情感支持，比如其他儿女、兄弟姐妹等。但是，由于曾经的家庭变故，一些家族的亲情关系往往非常脆弱。Y4："他们（其他子女）前面给他（儿子）还过一次债，那个时候就对我有怨气，觉得我偏心这个小的……他又去赌了以后，事情闹开来，每次见面都是吵，我劝不了，我一劝他们都怪我。现在其他几个小的也不高兴来看我，就跟没生过一样。我也不想看见他们，看不见反而干净。”

也许有与祖辈亲情关系比较牢固的家族成员，例如祖辈的长辈。面对这些潜在的支持者，祖辈又会出于不想让他们担心等原因，不把内心的苦闷告诉他们。N8：“我妈妈已经九十多岁了，虽然她是很记挂我的，去年我抑郁症那会儿出不了门，她打电话问我。但是我也不可能让她一把年纪还替我遭罪是不是？生病的事情我不跟她说的，只能自己扛。”

（5）能力与责任不匹配

所有的祖辈都认为，在抚养孙辈的过程中，他们没有足够的能力来承担父母责任。这个能力的阈值受限于他们的文化水平、体力精力、固有观念，等等。

多数祖辈进入尝试取代父母阶段，对孙辈的担忧就不再是能否养大，而是能否养好。在受访祖辈的观念中，好的发展与好的教育是紧密相关的，但他们认为，自己的能力无法对孙辈的教育起到帮助。即使是N1这样曾经在孙子小学阶段进行伴读的祖母，面对进入初中的孙子，也感到深深的无能为力。N1：“原因很多，他（孙子）初中管理更加严格了，而且我看了他的课本，我也都看不懂了，我只是初中文凭的。现在最大的一个问题就是我不能辅导他做功课。要是他爸爸在，他爸爸是高中毕业的，这个应该是他爸爸做的。”

其次的能力困境主要出现在处理祖孙关系方面。大多数祖辈觉得自己越来越难以管教孩子，与孙辈之间的沟通不像孙辈小时候那么简单。他们不能理解孙辈现在关心的东西，因而经常不知道孙辈内心的想法和情绪。缺乏沟通和理解造成家庭气氛的沉闷，祖孙之间的关系一点点拉远，很多时候，祖辈都不清楚矛盾是如何产生的。Y8：“她（孙女）一天到晚就捧个手机，我也不知道她在想什么，说她两句，也没怎么样，就要争起来了。”

他们知道打骂不是最好的做法，也尝试过讲道理，但不知道为何并不能起到预想的效果，最终还是会用到威压、责骂等方式。

一些祖辈开始担心，孙辈今后的发展不太明朗。这种对于抚养成效的消极预估体现了祖辈能力感的匮乏。抚养孙辈是这些祖辈当下以及未来生活中的最重要的议题之一，这方面能力感的缺失削弱了祖辈的自尊，使得他们对家庭未来的生活和个人的晚景普遍抱有消极的预期。

表十梳理了心理困境的原因。

表十　心理困境原因梳理

三级编码	二级编码	内涵简述
心理困境的原因	被迫承担责任	对于祖辈而言，抚养孙辈的责任本来就不该是他们承担。他们既没有做错什么，也尽了自己的努力，错的其实是家里的其他人。祖辈内心非常抵制这份责任，但是不得不承担这份责任
	陷入关系纠缠	祖辈不会原谅孩子爸妈不负责任的行为，他们之间的关系问题会持续很久，即使祖辈与孩子爸妈不再直接接触，这种纠葛仍会发生在祖辈与想象中的孩子爸妈之间，还会影响到祖辈与孙辈的关系
	周围不合理的期望	周围人对抚养孙辈的爷爷奶奶并没有给予太多的宽容，反而施加了不少期望。虽然这些期望可能对孙辈的成长有利，却没有考虑到祖辈的内心感受与实际能力
	缺乏情感支持	家庭结构变化后，祖辈所处的社会关系本身就比较单薄，能获得情感支持的来源比较少。祖辈对于情感支持的需求很高，但周围提供的支持很少
	能力与责任不匹配	祖辈的能力无法满足抚养责任的要求，在孩子的教育发展和祖孙关系方面，祖辈感到强烈的低效能感。这种低效能感会泛化到祖辈生活的方方面面

(四) 成为替代父母过程中个体心理变化

隔代家庭中祖辈替代父母是被动开始的。祖辈在回溯经历的过程中，将这些意外事件作为自己替代父母的开端，但实际上在本阶段他们对抚养孙辈并没有任何心理准备，其注意力也被抚养外的事件分散。最该承担整个家庭责任的中间代却不负责任地离开，祖辈疲于应对生活重压，会出现以委屈、怨恨为主的情绪反应。

第二阶段，受到传统社会观念的影响，同时因为对自己的能力评价不高，祖辈选择延缓代替父母。在认知上，祖辈仍认同孩子父母的父母形象，部分祖辈会在内心为逃离的孩子父母做开脱以协调认知冲突；在行动上，祖辈会针对孩子父母采取一系列挽回策略，试图让孩子父母重新承担抚养责任；在反复挽回失败的过程中，祖辈会面对社会期望他们自立自强的压力，加深对孩子父母的怨恨和委屈，同时也会因为他人的不理解而感到孤独。这些情绪会把祖辈拖入与孩子父母的关系纠缠中去。本阶段的祖辈主要延续以前的抚养方式、代行部分父母职责，但会更加关注孩子生活的稳定与安全。由于受到关系纠缠的影响，祖辈与孙辈的关系会出现时而拉近、时而推远的矛盾局面。

第三阶段，尝试取代父母的开端也伴随着一些突发事件，主要是孙辈的身心健康出现状况。在处理这类事件时，祖辈不得不将注意力完全转移到孙辈身上，放弃对孩子父母回归的期待，通过自己的努力帮助孙辈渡过难关。在认知上，祖辈内心出现了新的抚养意义，同时彻底淡化孩子父母的父母形象；在行动上，祖辈围绕抚养采取主动策略，试图拉近与孙辈的关系；全面接手抚养孙辈后，不断出现的新挑战带给他们更多的焦虑和迷茫。取代父母是一个漫长的过程，由于衰老、能力不足等客观原因，祖辈在本阶段中后期会发现自己无法达到最初对自己的期望，不断地遭遇挫败。同时，祖辈与外界的沟通也日益减少，一方面是他们与孙辈的代沟在扩大，越来越缺乏共同话题；另一方面则是祖辈认为他人很难理解自己的处境。

第四阶段，随着衰老的加速和孙辈日益长大，祖辈遭遇越来越多的失败，内心的权威感瓦解。祖辈慢慢开始反思，把注意力逐渐放到自己身上。他们认识到，自己与真正的父母有所区分。祖辈再一次痛苦地认识到这份责任不适合由自己承担，但自己已经承担了这么久，以至于走到耗竭的地步。在这一阶段，祖辈降低了自己的抚养期望，也大大降低了自我评价。

此外，本研究涉及三类不同的家庭背景，分别是孩子父母都健在、有一方过世或重残、双方都过世。总体来看，这三种不同的背景对祖辈成为替代父母的心理历程影响不大，其差异主要体现在心理困境的原因上。对于孩子父母仍健在的情况，祖辈与孩子父母的恩怨可能会持续更长的时间，在面对孩子时会出现更多争夺孙辈注意的行为，甚至会更加自发地干预亲子关系。其中，孩子父母双方都在的情况更加复杂，因为祖辈需要面对来自自己的亲生子女及其配偶的双重背叛，这会严重削弱祖辈的安全感，增加他们的羞耻体验，导致他们的社交退缩情况更加严重。

四、讨论

（一）祖辈心理困境的根本由来

纵观整个过程发现，外界的突发事件看似是一切的起因，但造成祖辈抚养中心理困境的根本原因是那份被孩子父母抛弃的责任。在梳理成为替代父母的心理历程中，研究发现祖辈认为自己一直处于被动的状态，他们所做的应对都是在外界因素的驱使下被迫进行的，同时他们认为自己并非抚养孙辈的最佳人选。

这种被动表明祖辈内心的抗拒。对他们来说，这份责任“不合适”的地方太多了，它不符合祖辈内心的亲子观念，不符合他们对于自己晚年生活的安排，更不符合他们的能力范畴。但现实情况是没有别的选择。

基于我国社会目前流行的儿童观，这份责任最终还是捆到这些祖辈身上。儿童观是指一个社会对儿童特点、地位、权利等整体的看法。（林崇德、杨治良、黄希庭，2003）受到传统的儿童观影响，我国社会依旧普遍认为儿童是家庭的财产，并把培养儿童的责任基本全都托付给家庭内部。隔代家庭中，祖辈是家庭内部仅剩的可托付对象，是“众望所归”的抚养者。即使他们缺乏能力或主观不情愿，社会也不会“多此一举”地给出其他的解决办法。这种儿童观如此深刻存在着，祖辈们也内化了这些观念，他们不会对外说出不愿意抚养孩子、更不会把孩子交给政府或社会组织，否则他们将面对整个熟人社会的指指点点，甚至会让家族蒙羞。这种“没有选择”的情况，实际上与中国文化中的代际责任、耻感惩罚等特点紧密相关。（Goh，2009）

因此，尽管人们（包括祖辈自己）都觉得祖辈可能并不是最适合承担这份抚养责任的，但所有人仍会固守祖辈替代父母抚养孙辈的观点。这份责任中日益提高的要求和祖辈在老化过程中日渐衰退的抚养能力让祖辈遇到很多应对不良的挫折。

（二）隔代家庭与留守家庭中祖辈的比较

在研究开始之前，笔者根据自己分别与隔代家庭和留守家庭的祖辈交往感受认为，隔代家庭中的祖辈在许多方面都与留守祖辈不同。通过研究发现，无论是在形成原因、呈现形态和受到的影响上，二者确实都有较大的差异。

从形成上来看，除了孩子父母双双过世或失能这类最为特殊的情况外，隔代家庭出现基本都是因为其中一方或者双方仅仅为自己考虑，对家庭不负责任。对于隔代家庭中留下的祖辈而言，中间代的离开并不是他们所期望的。一旦成为隔代家庭，家庭结构就会稳固下来，离开的那个家长几乎不会再回来。

对于留守祖辈来说，他们和中间代更像是一种家庭分工合作关系，整个家基本遵循的是理性互惠原则。尽管留守祖辈可选择的余地也不大，但他们可以用承担的部分抚养责任换取下一代的赡养承诺。（郑佳然，2019）大多数留守祖辈都不反对中间代的离开，毕竟这可以从整体上增加家庭的福利。留守家庭的结构并不是稳定的，有些中间代打工结束会回到家中，或者生活条件逐渐改善后会把留守老人和儿童接走。（张衍，2017）

从现状上看，替代父母所处的隔代家庭就像是一个孤岛，而留守祖辈们则会形成一个个小的聚落。这也正是研究中受访者回避社交的客观原因，因为与他们同属一个群体的人太少了。相比之下，留守家庭常常成为一种地方特色出现，这使得留守祖辈在当地环境中不会觉得自己突兀，群体支持基础相对更好。

由于形成原因和现状的不同，两种家庭对老人的影响也存在较大差异。本研究可以看出，隔代家庭中的祖辈完全被动地承担起抚养孙辈的责任，其心理健康问题需要得到社会更多的关心和帮助。

（三）从生态系统角度看国内替代父母的心理困境

相比国外作为替代父母的祖辈，本研究得出的一点差异在于，即使孩子的亲生父母退场（不在家里出现），我国的祖辈与他们的关系问题仍将持续很长一段时间。这种关系问题影响着家庭内每个个体，也影响着祖辈与孙辈、祖辈与子辈（一代亲子）、子辈与孙辈（二代亲子）之间的关系，其中，本研究把祖辈与子辈的配偶的关系简称为“一代伪亲子”。各个家庭成员共同处在一个环境中，这个环境内包含种种相互关联的因素，同时也受到家庭外的传统文化、社区环境等的影响，应从动态、联系的视角进行理解。

生态系统观认为，个体的发展受到内外部的影响，同时个体与环境是相互作用的。（王海英，2012）在本研究中，隔代家庭的形成是家庭内外多个成分互动产生的结果，包括家庭内的三代人、三代人彼此之间的关系，这一发现契合了生态系统的观点。站在家庭生态系统的视角，替代父母的心理困境受到家庭环境、一代亲子、一代伪亲子、二代亲子、祖孙五个子系统的影响。

在隔代家庭中，一代亲子、一代伪亲子与二代亲子两个子系统之间具有较为独特的相互影响关系。相较于国外祖辈，我国的祖辈关于家庭的变故、子女的婚姻会承受更多的压力。（Hung，Fung & Lau，2018）替代父母形成过程中，一代伪亲子这一子系统有时甚至起到枢纽作用，与子女配偶关系的议题在延缓代替父母阶段体现出强大的影响力，对子女配偶的身份认知、责任划分、情感态度等在这一阶段有了较大的变化。国内关于婆媳关系的研究提示，伪亲子之间的关系会随着交往质量在“自己人”和“外人”之间变化，更存在“身份性自己人”和“实质性自己人”等区分（邹鑫，2014），形成一个个大小不一的关系圈。对祖辈而言，其与伪亲子的关系也遵循费孝通先生所提之“反馈模式”，以“仁至义尽”为行动原则。（周飞舟，2019）在本研究中，当一代伪亲子关系因为放弃抚养责任等原因变差，会放弃对子女配偶的和善和容忍，子女配偶对于祖辈而言不是退到次一级的关系圈，而会呈两极变化，成为枢纽位置上的“仇敌”。祖辈对伪亲子的负面情绪可能会不受控地影响到其对其他关系的认知上，导致祖辈自感处于被背叛的境地。感到强烈不安的祖辈或者会试图拉近家庭内的其他关系，或自我设限地疏远其他关系，整个家庭系统随之变动，陷入到一段时间的混乱中。

（四）针对隔代家庭中祖辈的心理帮扶建议

根据以上研究发现，针对我国隔代家庭中的祖辈，提出以下几点心理工作建议。

1. 区分不同阶段的替代父母进行心理援助

本研究认为，祖辈成为替代父母会经过四个阶段，每个阶段祖辈面临的抚养议题有所区分，与家庭成员的关系以及当前主要困境也不尽相同，因此，区分祖辈所处的家庭背景类型、心理历程阶段，了解清楚其具体的需求是展开工作的第一步。

在被动卷入阶段，祖辈主要面对的是处理抚养外事务的压力。针对具体的家庭变故，政府和相关组织可以提供法律、经济等援助；但更需重视在这些事件中祖辈失去子女或被子女抛弃的问题，这是会长远影响到祖辈及隔代家庭幸福感的事件。针对这一阶段的祖辈，需要及时帮他们修通、疏导，与离开家庭的中间代正式告别。根据实际情况，可以使用空椅子技术、角色扮演、保险箱技术等方法帮助祖辈走出关系漩涡、重建自我。（刘洋、李珊，2009）

在延缓代替父母阶段，造成困境比较突出的成因是关系纠缠和周围不合理的期望带来的压力，这一阶段主要会影响到祖辈的问题以认知为主要特征。祖辈内心出现较多的认知冲突，例如，他们会在挽回中间代和怨恨中间代之间徘徊纠结，在满足外界期望和满足自我期望之间犹豫痛苦。因此，可以借助认知行为治疗的相关方法，改变祖辈对自己、对他人或者对责任、对抚养的态度，从而缓解情绪上的消极体验。

抚养能力问题是祖辈在尝试替代父母阶段的所面临的主要问题，当然在其他阶段，这个问题可能也会困扰到祖辈。在处理纠缠的关系和不当期望影响的同时，可以适当地为祖辈提供教育孙辈的技能指导。当然，这并不意味着要求祖辈学习学科知识，而是为他们提供沟通技能、矛盾解决技能的示范。国外研究认为，对这些祖辈进行抚养技能培养时，应该非常审慎地对待他们原有的育儿模式和风格，避免让他们觉得自己本来是“不合格的父母”。（Pinsonmillburn，

Fabian，Schlossberg & Pyle，1996）

经过以上三个阶段不同的帮助，应当能为祖辈提供更多的缓冲保护，防止他们孤立地落入第四阶段悲伤、绝望的状态。不过，同样也需要意识到的是，对于已经处于重新区分阶段的祖辈而言，并不意味着这全然是一件坏事。祖辈辛劳抚养了相当长的一段时间，可以帮助他们更多地关注抚养外的事情，挖掘生活中的积极因素，使他们的晚年生活有更多的可能性。

2. 为成为替代父母的祖辈组织小团体

总体上，祖辈与外界的交流是比较匮乏的。参与替代抚养的祖辈认为，中国传统的熟人社会导致他们与他人沟通时更容易体验到羞耻，因为在较小的圈子里，他们的家庭故事传播得很快，但他们的经历又比较“异常”，小圈子里基本没有类似经历的人。他人尽管会对祖辈感到同情并试图鼓励，但祖辈认为他们可能会带着怜悯进行，并不能真正理解自己。

对于这些祖辈而言，如果能与相似经历的人获得联结，这将会带给他们极大的支持作用。仅仅是简单的接触，祖辈就能够获得一点心理平衡，知道自己不是“唯一不幸的人”；在互动的过程中，他们知道对方的需要，会给予彼此真诚的鼓励和肯定；在这种同质化高的小团体里，祖辈还是非常安全的倾诉对象。其他研究也证明，针对这类较为特殊的家庭，帮助他们形成自组织能够迅速扩大支持的效益，成员从互相鼓励中能获得多种力量，共同克服难关。（陈恩，2016）

由于替代父母的祖辈分布较为松散，因此需要政府、社会组织的力量，把他们聚集起来；再由专业的心理从业人员帮助他们建立联结，形成小团体以获得疗愈。

（五）反思

本研究尝试对我国隔代家庭中的祖辈进行了一些探究，主要了解了他们成为替代父母的心理历程，以及当中所遭遇的心理困境。研究在以下几个方面可以做进一步的拓展。

1. 丰富样本的来源

本研究的受访对象依托于某机构，机构的相关理念可能对部分受访者产生一定影响。不过，在叙述过程中，受访者均未提到加入机构这一事件，至少在其意识层面受到机构影响的感受尚不明显。机构可能的影响在于，某些祖辈并不认为自己是“被迫”、遇到了“困境”，其可能不接受机构的服务。这类祖辈的心理历程也值得进行研究。在丰富样本方面，今后首先可以尝试深入到经济水平更为一般的农村地区，并可以对比结论是否存在差异性，以及差异性的原因；同时，也可以采用观察、匿名问卷等形式补充信息，以尽可能纳入不接受额外帮助或不愿接受面对面访谈被试的信息。

2. 多维度的信息互证

本研究选取的是隔代家庭中祖辈的视角，即使询问关于孙辈的一些看法，也是从祖辈口中得知。尽管祖辈本身可能最了解自己，但一些行为、情绪上的表现可能也会被他们自己遗失，因此可以通过访谈祖辈生活中的其他人来获得多维度的信息。

3. 研究方法的多样化

本研究使用访谈法搜集信息、扎根理论分析信息，探究了心理困境的现状及其成因。今后可以加入小组干预实验、个案咨询等方法，围绕这些祖辈的心理困境及其解决做进一步的研究。

五、结论

本研究使用访谈法收集资料，运用扎根理论分析资料，试图澄清祖辈在隔代家庭中成为替代父母的心理历程，并探究其遭遇的心理困境及其影响因素。

研究发现：

1. 祖辈不是立刻愿意成为替代父母的，他们的心理历程会经历四个阶段，包括被动卷入、延缓代替父母、尝试取代父母和重新区分。

2. 祖辈成为替代父母的过程中，遭遇的心理困境表现主要是消极的情绪反应和回避社交。随着心理历程的推进，消极的情绪反应会不断增加，社交圈会逐渐缩小。

3. 祖辈成为替代父母遭遇心理困境的原因主要有五个，包括：被迫承担责任、陷入关系纠缠、周围不合理的期望、能力与责任不匹配和缺乏情感支持。其中，被迫承担责任被祖辈认为是更为基础的原因。

4. 不同的家庭背景类型对祖辈成为替代父母的心理历程影响不大，但孩子亲生父母健在会延长祖辈陷入关系纠缠的时间，促使祖辈采取更多争夺孙辈亲密的策略。

参考文献

陈恩（2016）. 农村失独者的心理困境——基于江苏省若干案例的讨论. 西北农林科技大学学报（社会科学版），16，29—36.

陈晓君（2017）. 新手妈妈产后第一年心理历程（硕士学位论文）. 华东师范大学心理与认知科学学院，上海.

黄国桂，杜鹏，陈功（2016）. 隔代照料对于中国老年人健康的影响探析. 人口与发展（22），93—100.

林崇德，杨治良，黄希庭（2003）. 心理学大辞典. 上海：上海教育出版社，261.

刘洋，李珊（2009）. 浅析丧失与哀伤辅导. 社会心理科学（6），115—117.

王海英（2012）. 青少年心理健康发展的家庭生态系统研究. 东北师大学报（哲学社会科学版），6，210—213.

王亚迪（2018）. 隔代照料孙子女对中老年人心理健康的影响研究. 科学决策（9），47—68.

王争艳，程南华（2014）. 共同养育研究及对儿童适应的影响. 心理科学进展，22（6），889—901.

王志贤（2017）. 大学生就业心理困境干预途径研究. 中国成人教育（1），80—82.

吴继霞，何雯静（2019）. 扎根理论的方法论意涵、建构与融合. 苏州大学学报（教育科学版），7（1），35—49.

张田，傅宏（2017）. 隔代抚养关系中老年人心理状态的影响因素. 中国老年学（37），169—170.

张衍（2017）. 社会变革中的农村留守老人（博士学位论文）. 华东师范大学心理与认知科学学院，上海.

郑佳然（2019）. 代际交换：隔代抚养的实质与挑战. 吉首大学学报（社会科学版），40，113—119.

周飞舟（2019）. 慈孝一体：论差序格局的“核心层”. 学海（2），11—20.

邹鑫（2014）. 差序格局下的婆媳关系——从冲突到和谐（硕士学位论文）. 北京大

学，北京.

Ann, B. & Anna, R. (2018). Twenty-first Century Grandparents: Global Perspectives on Changing Roles and Consequences. *Contemporary Social Science* (13), pp. 131 – 144.

Baker, L. A. & Silverstein, M. (2008). Preventive Health Behaviors among Grandmothers Raising Grandchildren. *Journals of Gerontology Series B-psychological Sciences and Social Sciences* (63), pp. 304 – 311.

Bert Hayslip Jr & Patricia L. Kaminski (2005). Grandparents Raising Their Trandchildren. *Marriage & Family Review* (37), pp. 147 – 169.

Burton, L. M. (1992). Black Grandparents Rearing Children of Drug-Addicted Parents: Stressors, Outcomes, and Social Service Needs. *Gerontologist* (32), pp. 744 – 751.

Goh, E. C. (2009). Grandparents as Childcare Providers: An In-depth Analysis of the Case of Xiamen, China. *Journal of Aging Studies* (23), pp. 60 – 68.

Goodman, C. C. & Silverstein, M. (2002). Grandmothers Raising Grandchildren Family Structure and Well-Being in Culturally Diverse Families. *Gerontologist* (42), pp. 676 – 689.

Harnett, P., Dawe, S. & Russell, M. (2014). An Investigation of the Needs of Grandparents Who are Raising Grandchildren. *Child & Family Social Work* (19), pp. 411 – 420.

Hayslip, B. & Kaminski, P. L. (2005). Grandparents Raising Their Grandchildren. *Marriage and Family Review* (37), pp. 147 – 169.

Hayslip, B., Shore, R. J., Henderson, C. E. & Lambert, P. L. (1998). Custodial Grandparenting and the Impact of Grandchildren with Problems on Role Satisfaction and Role Meaning. *Journals of Gerontology Series B-psychological Sciences and Social Sciences* (53), pp. 164 – 174.

Hughes, M. E., Waite, L. J., Lapierre, T. A. & Luo, Y. (2007). All in the Family: The Impact of Caring for Grandchildren on Grandparents' Health. *Journals of Gerontology Series B-psychological Sciences and Social Sciences* (62), pp. 108 – 119.

Hung, S. L., Fung, K. K. & Lau, A. S. (2018). Grandparenting in Chinese Skipped-generation Families: Cultural Specificity of Meanings and Coping. *Journal of Family Studies* (7), pp. 1 – 19.

Hunt, J. (2018). Grandparents as Substitute Parents in the UK. *Contemporary Social Science* (13), pp. 175 – 186.

Jendrek, M. P. (1994). Grandparents Who Parent Their Grandchildren: Circumstances and Decisions. *Gerontologist* (34), pp. 206 – 216.

Joslin, D. (2000). Emotional Well-being among Grandparents Affected and Orphaned by HIV Disease. *Grandparents Raising Grandchildren.* Springer Publishing Company, pp. 87 – 106.

Kelley, S. J., Yorker, B. C. & Whitley, D. M. (1997). To Grandmother's House We Go and Stay: Children Raised in Intergenerational Families. *Journal of Gerontological Nursing* (23), pp. 12 – 20.

Ko, P. & Hank, K. (2014). Grandparents Caring for Grandchildren in China and Korea: Findings From CHARLS and KLoSA. *Journals of Gerontology Series B-psychological Sciences and Social Sciences* (69), pp. 646 – 651.

Mills, T. L., Gomezsmith, Z. & De Leon, J. M. (2005). Skipped Generation Families: Sources of Psychological Distress among Grandmothers of Grandchildren Who Live in Homes Where Neither Parent is Present. *Marriage and Family Review* (37), pp. 191 – 212.

Musil, C. M. (1998). Health, Stress, Coping, and Social Support in Grandmother Caregivers. *Health Care for Women International* (19), pp. 441 – 455.

Pinsonmillburn, N. M., Fabian, E. S., Schlossberg, N. K. & Pyle, M. (1996). Grandparents Raising Grandchildren. *Journal of Counseling & Development* (74), pp. 550 – 554.

Silverstein, M. D. & Baker, L. (2012). The Wellbeing of Grandparents Caring for Grandchildren in Rural China and the United States. Contemporary Grandparenting, p. 76.

The Psychological Process and Dilemma of Grandparents Being Forced to Act as Substitute Parents

Geng Wenk-xiu[1] Cao Wen-yun[2]
([1] The school of Psychology and Cognitive Science, East China Normal University, Shanghai, 200062)
([2] DA XIA College, East China Normal University, Shanghai, 200241)

/ Abstract /

This study tried to clarify the psychological process of grandparents becoming substitute parents in Chinese skipped-generation families. The research used interviews to collect data and Grounded Theory to analyze the data. The grandparents in this study usually start with resistance, constantly try to return the responsibility to the surviving parent, and eventually become being forced to act as substitute parents after many failures. This process can be divided into four phases, including passive start, delayed replacement, attempted replacement, and re-differentiation. In the process of becoming substitute parents, the psychological dilemma encountered by the grandparents is mainly negative emotional experience and less social behavior. There are five main reasons for these psychological dilemmas, including: being forced to take responsibility, entanglement in relationships, inappropriate expectations from around, mismatch of abilities and responsibilities, and lack of emotional support. Among them, being forced to take responsibility is thought as more fundamental reason. In addition, the study also found that different family background types have little effect on the psychological process of becoming substitute parents, but the presence of the children's biological parents will prolong the time when the grandparents are caught in the relationship, and encourage grandparents to adopt more strategies for getting intimacy from their grandchildren.

/ Keywords /

Substitute parents, Psychological process, Psychological dilemma, Skipped-generation family

音乐功能与大学生音乐偏好形成的扎根理论研究

闫宇辉　杨莉萍*

（南京师范大学心理学院，南京，210097）

／摘　要／

研究关注音乐功能及偏好生成问题，选取五名（大学生）受访者作为访谈对象，采用扎根理论进行资料分析。结果发现，音乐以背景性广泛地参与个体生活，是功能—意义的统合体，能影响听者情绪，支持听者自我构建及认同。个体在认知与非认知层面接受音乐节奏与故事两方面的感染。听者音乐偏好的变化与其生活密切相关。听者在生活中的音乐行为通常发挥支持、抵御和游戏三种功能，功能行使效果则决定了听者的偏好态度。

／关键词／

音乐功能，偏好变化，日常生活，扎根理论

*　通讯作者：杨莉萍，教授，博士，E-mail: lpy2908@163. com

一、问题提出

音乐家冼星海曾说过："音乐，是人生最大的快乐；音乐，是生活中的一泓清泉；音乐，是陶冶性情的熔炉"（刘玉杰，2004）。几乎可以断言，没有人能拒绝美妙音乐的召唤，每一个人都有着他独特的音乐珍藏。这一现象同时也提出两个问题：为什么我们会喜爱音乐，在音乐中我们能得到什么？（音乐功能问题）为什么我们喜欢的音乐总彼此不同，这一偏好差异是如何产生的？（音乐偏好形成问题）这两个问题便是本文关注所在。

首先，音乐功能指个体在音乐欣赏中所收获的东西和达成的目的，它是促使个体不断地趋向音乐的动力所在。对于大多数人，音乐欣赏是一种愉快体验，这种体验吸引人不断参与到音乐活动中。（Juslin & Sloboda，2001）有研究指出，相比其他刺激类型（如图像），音乐更能激起人的情绪波动。（Scarantino，1987）并且此效果的发生不需要人为意志努力（Haas，1984），我们只需要坐在那里，音乐就能主动将我们带入到情绪的激荡里。斯洛博达（Sloboda，1999）指出，音乐不仅仅能够增强听者的情绪，有时还能产生精神超越的效果。音乐对情绪方面的强作用进而影响到人际关系，根据诺伊格鲍尔和奥尔德里奇（Neugebauer & Aldrige，1998）的研究，音乐欣赏能助长人际关系和谐，它在日常交流中扮演着重要角色，并增进了人的生活质量。此外，音乐能表达生活经历，这一表达性则被布莱坎（Blacking，1995）视作音乐为人所爱的关键。音乐是疗愈性的，它能减轻个体紧张与压力，使其放松（Winter，et al.，1994），也能适当地减轻病人的疼痛（Ortiz，1997）。海斯和米尼基耶洛（Hays & Minichiello，2005）的一项关于老年人音乐活动的研究表明，音乐为人提供了一种有效的理解情绪、自我与他人的方式，音乐感受能帮助人们构建生命意义。而个人化的音乐偏好作为一种自我表达能反过来强化自我认同与构建过程（Rund，1997；DeNora，2006；Tarrant，North & Hargreaves，2002）。总之，人们依据自身所在情境的不同而以不同的形式使用音乐，它既可以是心灵的“兴奋剂”（stimulant）与“镇静剂”（tranquilliser），也可以是美与疗愈的复杂载体，或是价值与意义载体。（Jourdain，1997）

莱霍（Laiho，2004）曾对以往关于音乐功能的研究进行系统梳理（见图一），并得出他的“音乐功能类属理论”。在他看来，音乐分别在人际关系、同一性（identity）、能动性（agency）与情绪调理方面行使其功能。首先，音乐在“人际关系”方面能为听者提供“归属感”与“私密感”，例如，青少年于青春期与父母关系发生远离，同龄人间的音乐分享能扮演促进人际关系重组的关键角色。由音乐营造出的氛围能让渴望归属的青少年感受到自己与他人的深度联结，并借此超出孤立自我，与此同时，群体凝聚力也被强化。音乐是青少年所在的同龄人群体对他形成印象的主要参照框架，进而影响到他在群体中的被接受度。此外，音乐本身可以成为人际关系的替代，听者能在音乐中建立与同龄人、偶像、理想伴侣之间的心理联系，从而减少孤独感。另一方面，音乐也是私密感来源，它定义和分离了社会集体，是某一群体及相关价值的认同标志，也因此是一种自我标志；其次，音乐在“同一性”方面能促进自我概念重构与增强。自我常与听者所处环境密切关联，偏好音乐则能反映听者自我，以及他所处的生活环境及相关互动结构，因此，音乐便能提供关于自我的认识与情绪。聆听音乐就是对自我的探索、定义与维持；“能动性”则关联到控制、成就与自尊方面，我们通过对音乐的选择获得对掌控自我生活与命运的信心，并借此主动选择成为某类型的人。这一能动性能反哺听者的自尊维持与建设；最后，“情绪”方面包括了音乐对人情绪感受的各种影响。例如，音乐能唤起听者想要的情感状态，能帮助个体应对外界压力，分散注意力和逃避现实负担。音乐不仅是人应对情绪的有效手段，还是听者自我疗愈的良药，人们通过音乐表达释放自身情绪，这促进了人的思维和情绪重组，有利于心理健康的调节。莱霍的“音乐功能类属理论”内含的四种心理功能并非独立的部分，而是相互关联互相促进着，情绪调节方面则处于功能运作的核心。总的来说，莱霍的音乐功能理论几乎将所有音乐的可能功能归纳其中，但是，他虽提到情绪作为核心支持了其余三种功能的互相促进和关联，但未探索其内部的运作方式及关联方法，仍是停留在浅层的总结凝聚。

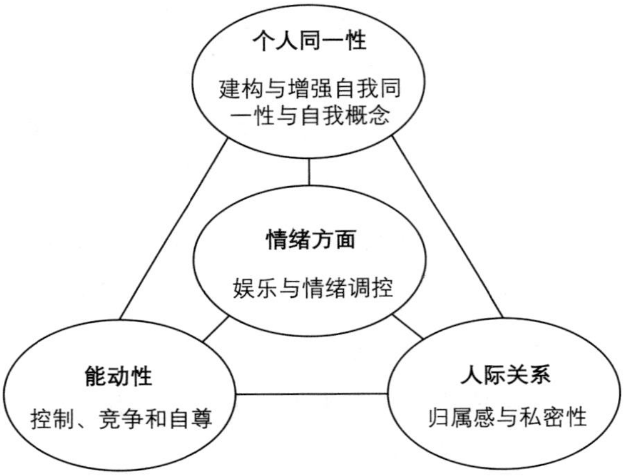

图一　莱霍的“音乐功能类属理论”

相比前者，萨里卡莱欧和厄基拉（Saarikallio & Erkkilä，2007）则重点探讨了音乐对青少年情绪的调节功能及内部机制（见图二）。他们认为，音乐能满足青少年的个人情绪需求，后者能在音乐帮助下对自身情绪进行把控。音乐作为情绪调节手段通过氛围营造影响听者，并触动其内心。各种自发恰当的音乐活动主要调节听者主观体验的三种要素：效价（valence），强度与清晰度。效价指音乐对积极情绪的强化和对消极情绪的摆脱。同时，音乐能调节听者情绪强度，或使积极情绪高扬或使消极情绪更加低沉。此外，音乐能通过赋予特定感受来影响听者情绪体验的清晰度。总的来说，音乐情绪调节目的是对情绪进行控制和使听者感觉更好。而具体调节策略共有七种，分别为娱乐、休憩、感受增强、注意转移、排解、思考、慰藉。

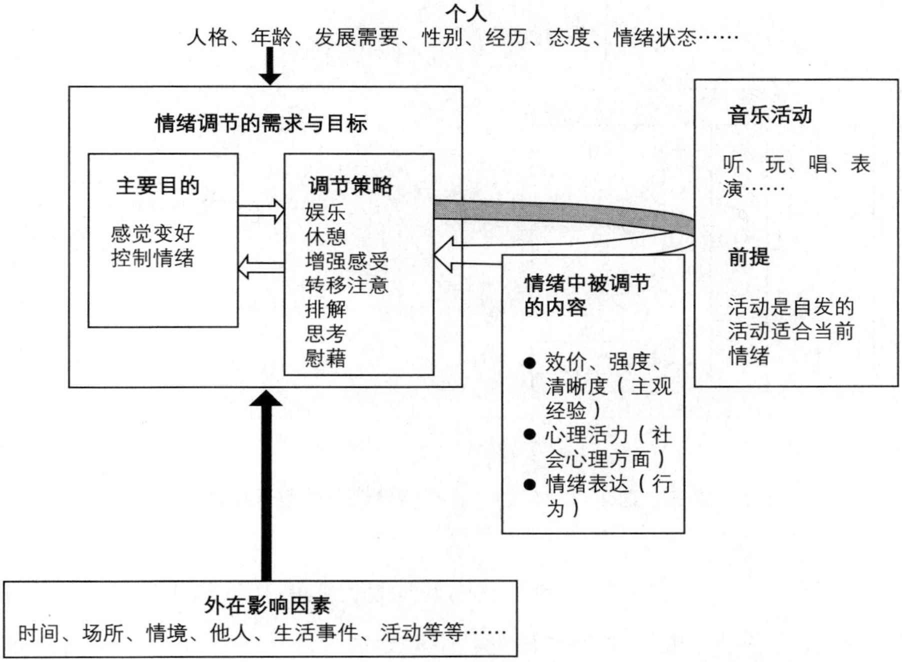

图二　萨里卡莱欧与尼基拉的音乐情绪调节功能

萨里卡莱欧的理论主要从听者动机与认知策略角度进行了音乐功能实现的分解，他们将音乐行为视作明确目的指向的听者的主动理性行为，却忽视了音乐情绪功能实现的体验的非认知层面，各种调节策略的内部关系也未被进行深入的探讨。

巴尔塔扎尔（Baltazar，2019）的“音乐情绪调节整合模型”形成于萨里卡莱欧的模型之上。（见图三）在巴尔塔扎尔看来，音乐能对个体生活和健康产生积极影响。影响的实现便是个体通过音乐进行的情绪调节过程。外部的个人与情境因素会影响调节过程的实现。整个调节过程以“调节策略”和“音乐机制”为其核心，通过两方面的互动，人能在认知、感受与身体方面实现自身的感性目标。情感调节是一个被目标驱动的持续循环过程，而这一驱动可以是前反思的。

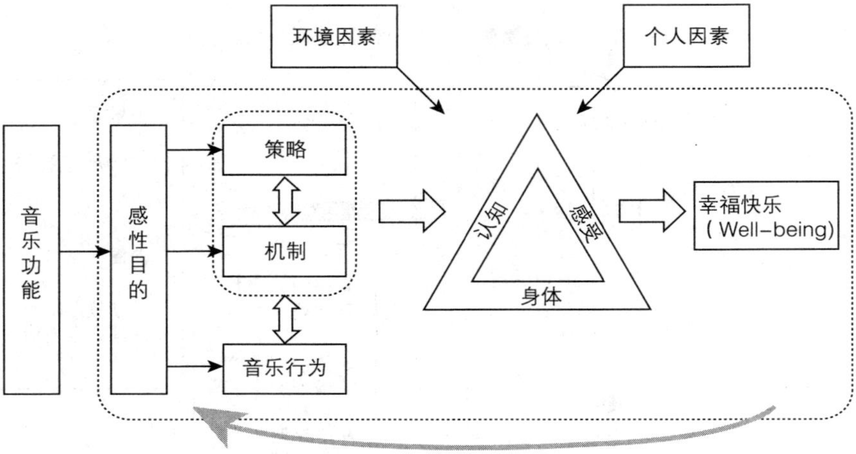

图三　巴尔塔扎尔的“音乐情绪调节的整合模型”

“调节策略”与“音乐机制”间的互动是巴尔塔扎尔理论的核心。（见图四）首先，“调节策略”拥有六种主策略，分别为认知工作（音乐中对自身的反思与重评）、情境聚焦（主动的注意转移）、感性工作（在音乐中调节情绪与感受）、娱乐（在音乐中寻求乐趣）、注意转移（被动的注意吸引）、休憩（放松）。前三者是听者主动理性地和认知地通过音乐达到某种目的的具体策略，后三者则是被动地、非认知地围绕身体而展开的。其次，“音乐机制”指的是能诱发情绪感受和支持情绪变化的音乐相关方面。它又可被区分为个体依赖机制（识别、歌词、美感、记忆、熟悉度）和音乐特征依赖机制（感染、声响、节奏）。前者由人与音乐的互动产生，后者是音乐的普遍特征。

巴尔塔扎尔的理论作为萨里卡莱欧理论的再发展，将音乐选择的前反思成分暗含于音乐行为之内，他提出的“音乐功能”对“感性目的”的指引暗示着音乐功能与偏好的密切关联，但他未对这一方面进行深入探讨。

相比音乐功能，音乐偏好首先在概念定义方面就存在争论。根据许冰

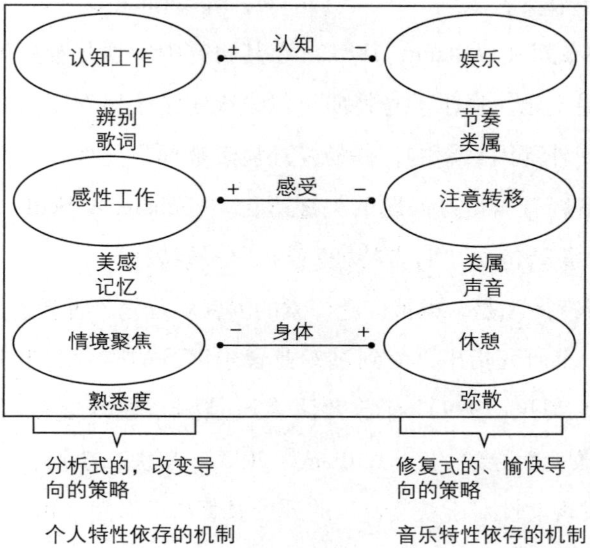

图四　巴尔塔扎尔理论中“策略—机制”的内部维度

（2011）的梳理，国外相关学界共存在对“音乐偏好”的两种定义方式：（a）音乐偏好是在某情景下对音乐的即刻性的特殊选择；（b）音乐偏好是个体对于某个音乐类型和风格的长期而稳定的选择。前者将音乐偏好（music preference）与音乐品味（music taste）区别开来，后者认为偏好即品味。这两种不同的定义方式进而对研究的展开方式产生影响：实验室研究通常采用前者来探究音乐的短期偏好；问卷或质性研究者则采用后者探究音乐的长期偏好问题。但在本文看来，实际生活中的音乐偏好并不存在短期与长期的明显区别，它作为个体化的趋向有自身的连续脉络，长期与短期则是这一脉络的实际体现。所以，当音乐被个体视作与自身契合良好，它便是被偏好的音乐，无论短期还是长期都需符合这一条件。

总的来说，个体“音乐偏好”的影响因素可分为“音乐因素”（Musical factors）与“非音乐因素”（Nonmusical factors）两类（Williams，2017）。前者包括音乐旋律、节奏、歌词等因素（Boyle，Hosterman & Ramsey，1981；Fung，2007），如，勒布朗（LeBlanc，1981）在其研究中发现儿童更偏爱由乐器演奏的古典乐而非爵士乐。音乐本身特质可以说决定了个体对于音乐的选择，但这种选择却多经受外部因素影响，并易受环境影响而发生变化。因此，一些学者认为后者才是解释音乐偏好问题的关键所在。（Schäfer & Sedlmeier，2009）

“非音乐因素”包含“听者特征”与“环境特征”：

（a）“听者特征”是一类被广泛探索的因素。首先，听者的受训程度显著影响了音乐偏好，有研究指出，受到过专业音乐训练的听者要更偏爱中西方古典乐。（Morrison & Yeh，1999）有学者认为这是因“主观复杂度”①（subjective complexity）的改变而导致的。（Williams，2017）其次，性别会对音乐偏好产生影响，有学者发现女性对于获奖音乐的评价显著高于男性（Brittin，1991），并且女性会更偏爱表达了丰富情感的乐曲（Kamenetsky & Hill，et al.，1997）。此外，因种族、地区、家庭、社会团体导致的文化差异同样影响音乐偏好（Fredrickson，1997），麦克德莫特（McDermott，2016）曾对脱离现代文明的亚马逊地区土著居民“Tsimane”进行音乐偏好调查，并发现当地人并不存在对“和弦”的喜爱，而这种偏好在西方文化中却是普遍的。在家庭之中，父代与子代间具有音乐偏好（尤其是流行与古典乐）的沿袭性，夫妻间常具有十分相似的音乐品味。（Ter Bogt，et al.，2011）对于社会团体来说，奥克与埃达尔（Ok & Erdal，2015）指出，宗教信仰人群的音乐偏好与其信仰间存在关联。最后，人格对音乐偏好的影响同样是无法忽视：伦特弗洛和戈斯林（Rentfrow & Gosling，2003）的著名研究表明了这一点，他们将音乐分为四种，分别为反思和复杂的（古典乐）、紧张而反叛的（摇滚）、乐观传统的（乡村音乐）、活力而节奏性的（说唱）。那些喜欢活力和节奏感音乐

---

① “主观复杂度”源自哈格里夫斯（Hargreaves，1986）提出的“倒U型理论”（inverted-U theory），该理论认为，人的音乐偏好与熟悉度之间存在这样一种关系：人们对于熟悉的乐曲喜好程度较高，但过高的熟悉度会使人对该乐曲兴趣下降。而音乐训练所会降低听者对乐曲的主观复杂度，增加了熟悉度，从而使得人能够欣赏某些对于常人来说无法欣赏的乐曲。

的人常外向亲和，而那些喜欢紧张和反叛音乐的人却常内向而富有创造力。

（b）“环境特征”包含自然情境与社会情境。前者包括音乐场所，音乐来源等，有研究表明，人们在秋冬季节语境（阅读季节性故事）下更偏爱古典和爵士等复杂音乐，在夏天季节语境下时又更偏好说唱等节奏性音乐。（Pettijohn，Williams & Carter，2010）后者则包括人际关系，权威赞许等因素。伦特弗洛与戈斯林（Rentfrow & Gosling，2006）曾指出，音乐是陌生人间的常见话题，而谈话双方能根据对方偏好形成较为准确的他人印象。这一现象在年轻人之中要更加显著，诺思与哈格里夫斯（North & Hargreaves，1999）在其研究中发现，音乐对青少年来说是一种个性“徽章”，他们在借音乐表达自我的同时，会根据他人喜好来判断对方是否与自己合拍，这一点在伯尔（Boer，2011）的研究被再次证实。此外，人际对音乐喜好的影响不仅仅发生于同龄人之中，教师的音乐喜好对儿童的影响同样显著。（Greer，1973）

对影响因素的探索不足以解释音乐偏好的形成过程，所以许多研究者在因素性探索的基础上建构了音乐偏好的生成理论。根据许冰的整理，典型的音乐偏好生成理论有三种：勒布朗（LeBlanc，1982）的“层级模式”、沃克（Walker，1980）的“刺猬行为理论模式”与哈格里夫斯（Hargreaves，2005）的“相互反应模式”。

勒布朗的“层级模式”也被称作“音乐偏好的互动理论”，这一理论认为，偏好音乐产生于音乐信息与个人之间的复杂交互过程，这一交互则受到音乐内部特征、听者个人特征及环境因素的影响（见图五）。具体来说，勒布朗将其模型自下而上分为八个层级。第八层级包括音乐本身特质与环境特质两部分，前者决定刺激性质，后者影响刺激输入效果。第七、六、五层级是过渡层，分别为生理状态、注意力和当下情绪状态。第四层级加入个体特征影响，它或是由听者自身固有（如性别、族群等），或因环境因素而造就（如音乐训练、社会经济地位）。第三层级是听者聆听行为的起始，输入刺激经过大脑思考，听者对音乐风格等特质做出主观判断，寻找意义，并产生相关联想。第二层是偏好判断酝酿阶段，当听者成功判断时进入第一层级，否则回返以下六个层级进行再次考察。第一层级是偏好判断的决策阶段，无论是接受还是拒绝都会结束整个流程，不同的是如果判断为偏好，听者将产生对这一刺激的渴望。勒布朗的“层级模式”强调的是音乐偏好的判断过程，他虽提到记忆的影响，但其重点仍是在当前情境下听者大脑认知操作对音乐刺激的拒斥与否。整个理论将上文提及的各种因素整合在信息处理视角下的运作流程之中，那在音乐功能相关研究中被当作核心的情绪体验反而在此处成为附属中介，偏好判断的重心转移到思维。

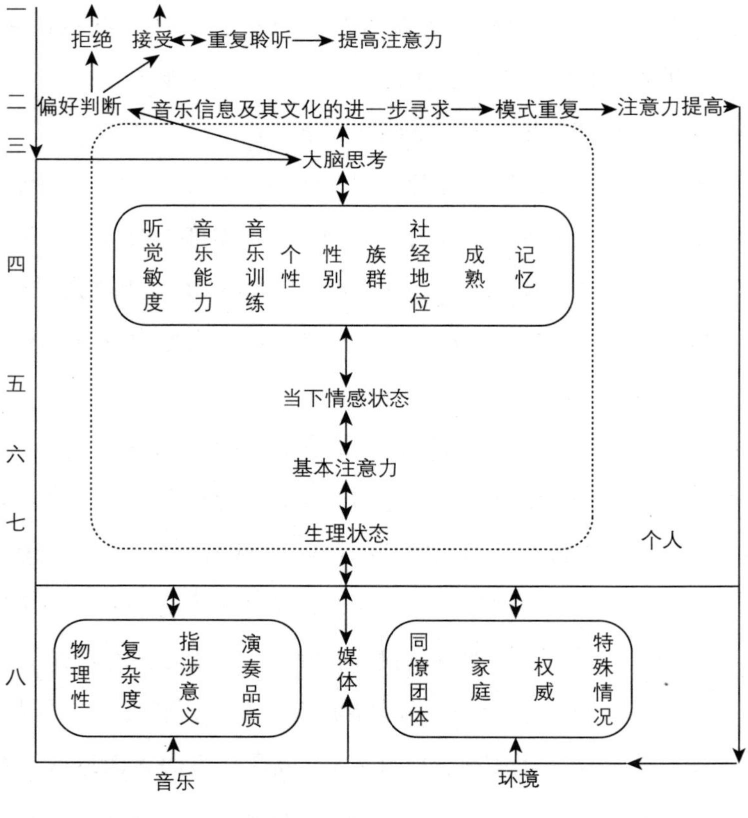

图五　勒布朗音乐偏好判断的“层级模式”（引自许冰）

沃克的“刺猬行为理论”关注音乐复杂度与偏好之间的关系。他所说的“刺猬”代指听者，意指听者总以类似刺猬的行为模式（遇强则退，遇弱则无感，只有恰当强度的刺激才能使它停留在当下）来应对音乐（见图六）。沃克认为，客体的复杂程度决定了主体对它的偏好。每一个体都拥有相应的能够赢得他最佳偏爱的最佳复杂水平，无论复杂度过高还是过低都会使偏好减少。所以音乐刺激的复杂度越接近最佳，个体越表现出偏好。此外，重复刺激会降低偏好水平，但当刺激低于最佳复杂度时，重复刺激则可以提高偏好。

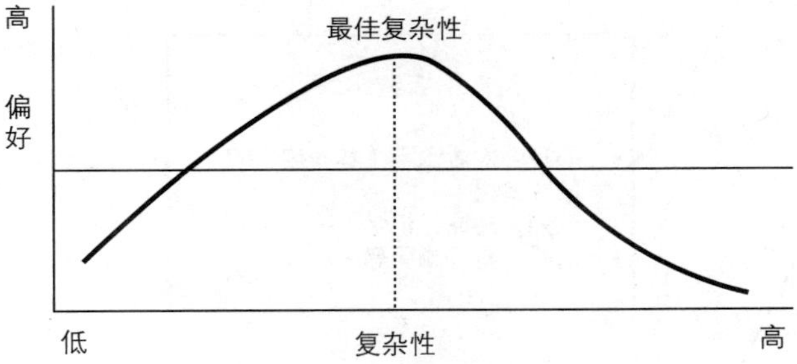

图六　沃克的“刺猬行为理论”（引自许冰）

沃克的理论虽提到“最佳复杂性”决定了听者的偏好，但没有进一步说明究竟什么影响了音乐对听者来说的复杂性。此外，复杂度密切关联到听者的认知方面，并受到他过往音乐训练的影响，情绪体验等音乐的功能则在此理论中不占据角色。

哈格里夫斯受到勒布朗“层级模型”的影响而提出“相互反应模式”（见图七）。他认为听者的音乐偏好属于他对特定音乐的情感反应，包括了短期和长期两部分。而音乐与听者及二者间的交互作用可以解释音乐随时间的推移过程。此外，听者对音乐的反应还能反过来影响其自身变量及情境感受。但是，他虽然指出了音乐、情境、听者三个方面发生交互，但未能深入探讨其中的交互模式，并且反应这一方面不具有与其他三者的同等优先性，应当被视作三方面于音乐欣赏当下的汇聚结果。可以说，正是因素视角使得哈格里夫斯不能够统合音乐偏好的生成变化过程，仍是停留在浅层的因素关联之上。

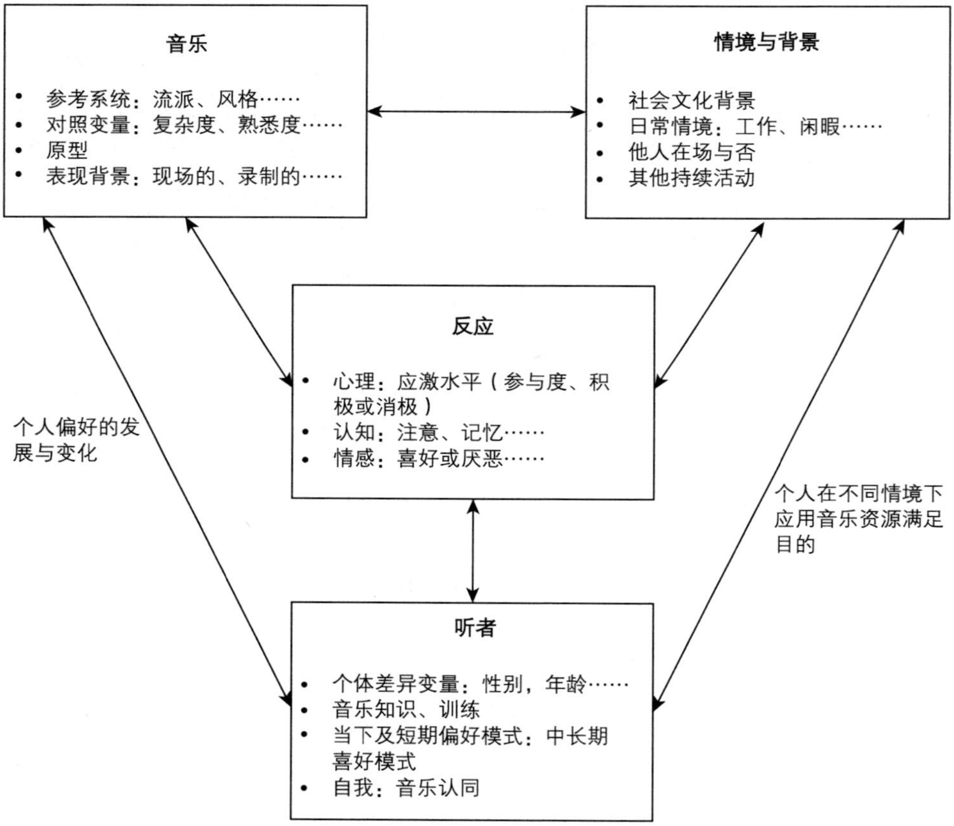

图七　哈格里夫斯的“相互反应模式”（引自许冰）

总的来说，上述三种音乐偏好生成理论关联了诸多分离的因素，却未能进行进一步的探索，例如，勒布朗的层级模型虽从认知加工角度对短期音乐判断问题进行有力解释，却忽视了偏好判断之前的关键性的情绪体验部分。而这被音乐偏好研究领域忽视的情绪方面却始终是音乐功能领域研究的重点，后者在其理论建构中发现的“功能”与“目的”间的关联已经意味着这两个研究领域本是不可分割的，要想探明音乐偏好的形成与变化就必须深入到音乐欣赏当下的诸种体验中，而这一体验则是音乐功能的核心所在。另一方面，聚焦因素性影响的实验室研究在强调通过量化手段操纵与控制变量的同时，不可避免地远离了日常生活，面临生态效应不足的问题。正如格里斯利（Greasley，2013）所指出的，人们的音乐偏好并不能简单还原为风格的组合，而这种不太恰当的音乐区分方式却经常被量化研究所使用。

换句话说，音乐“偏好”与“功能”两个领域的相关研究及理论建构几乎总是分别展开（甚至互不相干），这意味着一种整合性视角的缺失；另外从方法上看，音乐偏好及功能的研究多以量化研究为主，而这意味着生态效应的缺乏。因此，将“偏好音乐功能及其形成”这一问题的考察带入生活是十分必要的。而被带入到生活之中的音乐偏好问题势必与其功能密切关联，本文这一探索将有助于此两方面的联结，并有利于更合理地解释个体音乐偏好的变化问题。

二、研究方法

（一）受访者抽取

研究遵循强度抽样原则，抽取具备较高信息密度和强度的个体（普通程度的音乐爱好者，不对音乐欣赏频率进行限制，应当善于表达）。具体抽样方式采取方便抽样和滚雪球抽样的综合方式（研究者主动邀请，受访者主动报名及相互介绍等）。研究最终共抽取五名访谈对象（其中一名男生，五人年龄19—21 岁之间，均为大学非音乐专业在读学生）。

（二）收集资料

1. 预访谈

预访谈通过类似焦点团体的方式展开，参与者为两名研究者的同学及研究者①本人，三人围绕各自的音乐喜好及看法自由讨论，共持续半小时左右。预访谈的整个过程仅有开场白，无访谈结构，形式十分随意，其结果主要用于确立正式访谈的初步提纲。

2. 正式访谈

初步访谈提纲包含三部分：A. 日常音乐行为习惯（如，你喜欢在每一天的什么时候听听音乐?）；B. 音乐偏好及相关认识（如，请说一下你喜欢的音乐和喜欢的原因，它给你什么样的感受）；C. 音乐偏好变化及自我回忆（如，你有没有从前很喜欢但现在不喜欢了的音乐，这种变化是由于什么?）。三部分逐级深入，但同等重要。提纲修正伴随在整个资料收集过程之中。访谈时间、时长及地点由受访者决定。对五名被试的所有访谈在两次以内完成，平均每人用时 80 分钟。

3. 资料分析

研究采用扎根理论进行资料分析，包括三个阶段：初步分析、类属分析或情境分析、理论建构（陈向明，2000）。研究路径如图八所示。

---

① 下文“研究者”均指第一作者。

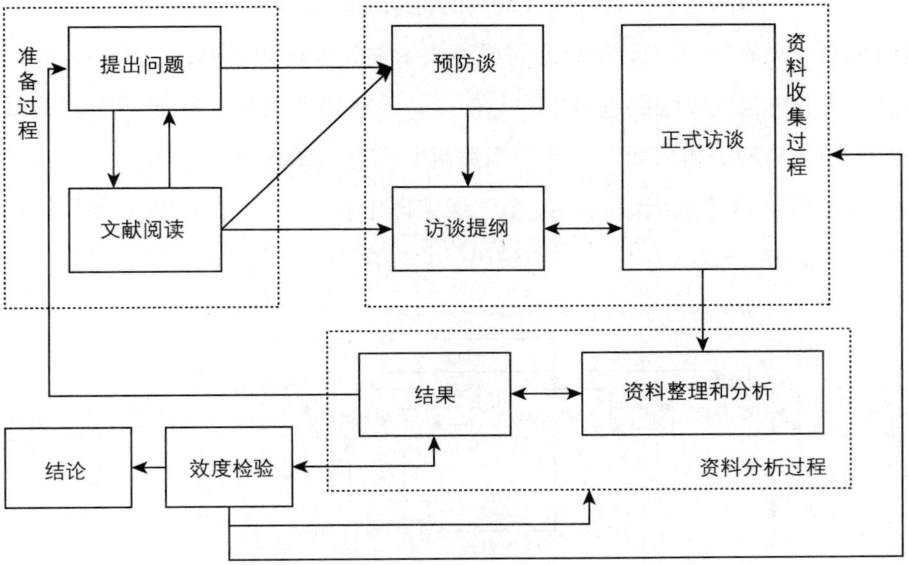

图八　研究技术路线

（1）资料的初步分析

初步分析包含三步：语音资料转录、参考点划分及一级编码。语音转录由研究者手动操作。在参考点划分中，研究者搁置前见（避免专业知识解释与过度概括的倾向，保持中立沉浸于原始资料之中）对资料重复阅读，区分意义单元。一级编码建立在参考点划分之上，研究者舍弃与研究主题无关的参考点之后对剩余参考点进行归类概括。初步分析共建立 998 个参考点，经过舍弃后留存 940 个参考点，生成 86 个一级编码。

（2）资料的进阶分析

进阶分析包含：类属分析、情景分析或是二者的结合。本文采用类属分析。类属分析有两步，分别为二级编码（聚焦编码）和三级编码（轴心编码）。二级编码建立于一级编码上，通过横向比较、纵向比较等多种方式产生。三级编码同样建立在二级编码之上，是对二级编码的主题性概括与凝练，其产生过程与二级编码相似（见表一）。三级编码的完成不表示类属分析的结束，上位编码的提出有利于我们对其次级编码进行审视与修改，分析因此呈现一种循环往复的形式（见图九）。资料分析后期，33 个一级编码上升为二级编码，新建立 11 个二级编码，一共产生 44 个二级编码。44 个二级编码中有一个（包含 29 个参考点）被舍弃，其余 43 个凝练为 10 个三级编码，共包含 911 个参考点（见表二）。

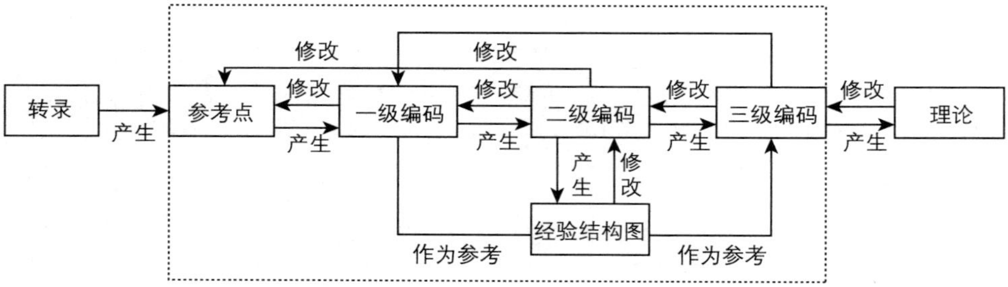

图九　资料分析流程

表一　三级编码“偏好音乐变化”下各级编码的分布（部分）

二级编码	音乐偏好的整体趋势		音乐喜好程度的增加			音乐喜好程度的降低		
序号	一级编码名称	参考点	序号	一级编码名称	参考点	序号	一级编码名称	参考点
1	偏爱音乐的广泛性与扩张性	31	1	自身的成长，视野的开拓	20	1	重复次数过多	25
2	喜好音乐的稳定与波动	28	2	特定场景下对自己的打动	13	2	对歌曲附加意义的拒绝	11
3	波动常由特殊事件引起	3	3	演唱者的不同	3	3	自身的成长	7
			4	重复过多导致接受	3			
	合计	62			39			43

表二　三级编码下二级编码及参考点的分布（部分）

音乐在生活中的参与方式			音乐的功能			音乐对情绪的强介入性			音乐与意义的结合方式			音乐的情景性问题		
序号	二级编码名称	参考点	序号	二级编码名称	参考点	序号	二级编码名称	参考点	序号	二级编码名称	参考点	序号	二级编码名称	参考点
1	音乐增添生活的色彩，转化行为的意义	24	1	平复情绪，放松	25	1	意义性歌曲对情绪的强影响	19	1	最初之爱——意义性歌曲举例	60	1	情景影响音乐选择	19
2	生活中处处都有音乐的发现	23	2	功能性总与意义相结合	13	2	音乐对积极情绪的唤起	12	2	音乐易与经历连在一起	21	2	情景影响音乐感受	15
3	音乐渗透在生活中	22	3	陪伴运动	9	3	音乐化解消极情绪的过程	5	3	意义性歌曲如何形成	18	3	偏好音乐总与情景相适应	9
4	音乐很重要	12	4	助眠	7				4	个体对意义性歌曲的认知理解	3	4	广义的情景变化与音乐偏好的改变	6
5	音乐是一种环绕的背景	8	5	陪伴独处	2									
			6	屏蔽噪音	2									
	合计	89			58			36			102			49

（3）理论建构

研究从三级编码出发，通过归纳与分析生成核心类属，并以核心类属为基点产生初步理论，将初步理论回返于原始资料与各级主题进行重新理解，最终形成一致性的理论。具体来说，类属分析中的“音乐背景性”“音乐情境性”提供“情境”这一核心类属，并区分为“音乐情境”与“生活情境”两种，二者与听者的“我”进行互动；“音乐功能”“音乐的情绪介入”“音乐的自我回环”提供“功能”这一核心类属，它是“我”与“情境”互动的内容与效果；“音乐感受方式”“音乐经验分类”被归于“功能”施行的内部过程的“体验”；“音乐的意义性”被归于“功能”施行的“历时性”沉淀，它是“我”与音乐“功能”的互动结果，“音乐偏好变化原因”“影响音乐偏好变化的其他因素”归于“情境”与“功能”的历时性交互，因此“历时性”便成为又一核心类属，它潜伏于整个“功能”施行的背后。“功能”在“情境”下施行效果的好坏便是“我”的“偏好”缘由，“情境”于“我”的“历时性”则影响“功能”的施行效果，导致“偏好”改变。

三、研究结果

本部分呈现类属分析（即三级编码结果）与理论建构两部分。两部分有不同的侧重，前者侧重经验层面，强调对受访者实际经验的概括性描述；后者侧重抽象层面，强调对前者经验层面的抽象结构性把握。

（一）类属分析结果（A、B、C、D、E 分别表示五名受访者）：

类属分析得到十个主题，展现了“音乐在生活中的角色”“音乐的感染方式及经验分类”和“音乐偏好变化及缘由”三方面内容。

1. 音乐在生活中的角色

(1) 背景性

音乐陪伴听者行为，以背景形式参与到各种活动中，包裹听者，进而改变行为意义，增添生活色彩。(C1) 音乐对行为意义的改变通过情绪引导发生，在结果上体现出功能性。(D1)

C1：一个人在路上走的时候会听音乐……走路的时候听律动感比较强的，感觉自己在走T台秀。

D1：(我会) 一边做什么一边听……有时候比如说你干一件事情没点声音就会很……一个人就会很闷，然后音乐会让你丰富一点。

音乐与生活糅合在一起，是生活的部分。但作为"部分"，却能够包裹听者生活，仿佛成为一种"全部"。作为部分的音乐对受访者来说不是必须的，不具备强制性。(D2) 作为"全部"的音乐能像一种"幽灵"，它在听者生活中随处可见，点缀并增添生活乐趣。它以"有"的方式存在在生活里，使我们随时能够碰触。(D3)

D2：音乐是生活的另一个方面，也不能完全当调剂品，就是，它是生活的另一个，就是单独开辟出来的一个分支吧。

D3：但有时候那种感觉会突然上来，就一定要在这一时间点非要听某一首歌……但生活总要有音乐存在，我会自己哼……假如今天没有听歌的话就会，比如说突然想起来，就是突然有一个调在嘴边就会哼。

(2) 功能性

音乐依据其伴随活动的不同产生不同效果（功能）。无论是睡前，还是在运动和学习中，音乐能将听者带入一种"保护"之中，隔绝外界的影响。(C2) 但音乐的功能不是单纯的功用，它包含的情绪性使它总是富有意义。受访者寻求音乐并非总为实现某功能，功能常只是音乐欣赏的一种附属品。而所有功能施行背后，都有着音乐对听者的情绪感染。在音乐中，功能是意义性的，意义也是功能性的。（D4）

C2：比如说我在自习的时候，旁边比如说有人讲话声音太吵了，不是一下吵，而是一直都很吵，或者有人在旁边弹钢琴呀或是怎么样的，觉得那个声音让自己很不舒服，我就会选择听音乐，就是把耳机带上去听自己想听的东西，然后干自己想做的事。

D4：听歌会开心，就是开心的氛围不同，不一样的开心，包括，比如说我，无聊的时候听歌，它会让我不无聊，然后就会很开心……就各种各样的开心。

（3）情绪介入

情绪介入是音乐功能的重要方面。音乐欣赏使听者放松，驱散紧张感。（A1）音乐能抚平听者负面情绪。当听者处于悲伤之中，他会选择听与他情绪相同基调的音乐，这聆听过程进而扩大听者负面情绪，并最终成为一种宣泄，负面情绪于是借此得到释放。（C3）负面情绪的平复方式具有个人特色。有的受访者在悲伤时会选择欢快音乐，负面情绪在欢快音乐的围绕下会有所排解。（D5）另一方面，处于快乐体验中的听者会选择相似基调的音乐，此类音乐会放大听者的快乐情绪，使这一体验被留存下来甚至到达更高的水平。（C4）听者对自己偏好音乐的欣赏总能给他带来一种基调性的“愉快”，无论音乐本身的情感基调是什么。

A1：它可以控制我的情绪……比如说我焦虑，我听个轻音乐它可以帮我放松。

C3：自己不高兴，就听那种特别伤感的音乐，然后把自己的情绪扩大（笑）……我喜欢扩大自己的伤感情绪，然后扩大之后到一定程度就觉得特别假，就觉得我哪有这么伤感啊 ，就是觉得没有那么真的时候，就觉得自己没有必要，反而就渐渐平息下来了。

D5：心情不是特别好的时候我就听这首歌，我就会从头笑到尾，超级可爱。

C4：每天我去××（指地点）找我对象的时候（笑），回来的路上会听的歌，骑车子回来的路上会听的歌，就是它的旋律很好听，在路上骑车有律动感，然后还有一些，嗯，满足感，幸福感。

对听者而言的“重要歌曲”拥有较高的情绪介入性。重要音乐常与听者经历及相关情绪记忆紧密关联，富有意义。当发生情绪波动，情绪变化会使听者主动寻求重要音乐。重要音乐因其与重要经历的关联更易唤起情绪并能进行抚慰，听者可经由重要音乐回忆过往，实现当前自身与过往自我（及经历）间的重合，相关情绪则垂直贯穿过去和当下。

A2：我第一遍听这个歌的时候，其实我觉得这个歌一般不是很好听，但是我当时因为什么情绪听到这个歌是哭了很久的……这个歌就，我每次感到很痛苦，非常痛苦或者说，我不知道该怎么办的时候，我就会去听这首歌……我可能不会想以前的很多东西（指具体经历），因为我可能想不起来，但是我会想到我当时听这个歌的时候我很痛苦，我只能记住那种感觉，然后加剧了我现在，我现在的这种感受。

（4）意义性

音乐对生活富有意义。它体现在偏好音乐与个体的紧密联系中。意义重大的音乐总能对受访者过往（特定经历或个人品味）有所标记。（A3）音乐聆听总具有情境性，不同情境使音乐发挥不同功能，给予听者不同意义。音乐能与特定情景相结合，但结合不是限制：音乐虽能与具体情景联系，但又能跳出此联系与其他情景相关联。因此，特定音乐会在反复的情境关联中成为意义箱盒，成为对听者而言的不可替代。“最初的偏爱音乐”是意义性音乐的典型，它有以下三种特点：首次的纪念意义（A4）、童年回忆的标记（B1）、音乐对从前的我的触动（A4，E1）。

A3：在我人生很多重要的时候我都听到过这首歌……我觉得它跟经历有关系，有的时候比如说，一个很普通的歌，但是在你经历很重要的一件事情的时候，你在听这个歌，这个东西就好像变成了一个象征性的符号，这首歌，它，不是这首歌本身，而是变成了，就是你当时经历的那个东西的那个状态。

A4：那是我印象中第一首觉得自己，应该记起来的歌……就是觉得很好听。

B1：因为代表了自己童年的一个回忆，就是一个记忆点，就是现在听到这首歌就会想到小的时候和姐姐一边在那边骑单车一边在那边跑步，然后她来教我唱这首歌，那种情景。

E1：好像是看她演的电视剧，然后她唱了这首歌，然后就觉得唱得好好听啊，然后就喜欢上了……还喜欢吧，但现在就没怎么听了。

（5）情景性

音乐具有情景性，音乐聆听总与当下情景密切相关。首先，情景影响音乐选择，在特定情景下，听者会因其需要而选择具有特定“功能”的音乐。另一些情况中，听者依据自身情绪与音乐内含的“意义”而选择音乐。（D6）其次，情景影响音乐感受，感受的改变会使听者的音乐态度（偏好）也随之改变。（D7）

D6：我有时候会在回家的火车上，包括出去玩的火车上都是，会在路上听，就是在路上听的时候是专门听那些在路上的音乐，要不就是那种我听出来，就是很漂泊的那种。

D7：我之前不，不是很喜欢那种慢调的歌，就一个人走在街上在外边溜达的时候，就突然，就是旁边的商场，理发店放一首，呃，理发店一般不会放这种慢调的歌，就商场啊，或是什么什么，或是听别人，别人有时候走在路上手机是公放的，然后会发现，哇，这首歌，好有感觉啊，就这种感觉。

音乐偏好与情景性密切相关，音乐展现的情绪（意义）与功能与听者自身处境（生活情境）越契合，听者越倾向于认同它。这是因为音乐拥有一种表达性。换句话说，恰当的音乐能使沉默的情景发声，能对情景事件及情景中的听者有一种表达。而听者的情景感受会与音乐感受发生一种重合与共鸣，聆听行为也随之成为了对情景、音乐、自我的三重“聆听”。于是音乐也不再是外在于个体的客体，而是融入听者之中，获得意义。

（6）自我表达

听者的音乐偏好是个体化的，并且相当广泛，难以用种属进行归类。（B2）偏好音乐统合于听者自身。相斥的音乐风格能毫不矛盾地结合到个体之中，“我所喜欢的音乐”是“我自己”的一部分，而“喜欢的就是喜欢的，而不喜欢的也仍是不喜欢的”。听者的偏好有着一条稳固脉络，这条脉络同时是情景化的，会随情景而发生波动，与同样波动的自我牢牢联系。（D8）

B2：这个歌让你觉得很想这样子沉醉在其中……（它）不会像有的歌，它们感情非常的浓烈/它这个歌（另一首风格相反的歌曲）就是属于很刺激的那种……这种的话就可能会在跑步啊，或者是做一些比较激烈的运动的时候会听。

D8：我觉得我算，性格非常非常外向，就是，非常外向，然后很活泼……就是我经常听的歌就是那种有节奏感的呀，然后节奏感很鲜明，韵律又很好听，和我性格也蛮像的，就，我觉得这就应该是我喜欢听的歌。

听者对某一音乐的偏好无需某种理性缘由。但对不喜欢的音乐，音乐所表达价值观与听者的矛盾是主要原因。这意味着听者选择、欣赏、偏爱某些音乐的过程，就是他自我与生活反响回环过程：听者特点影响音乐选择，音乐总能反过来肯定他，形成了自我支持构建与自我表达的回环。

B3：我觉得，我觉得我最大的、最大最大的与音乐特别相近的就是我的情感特别的细腻……就是如果说一首歌它，就是它没有特别明显的那种情感，或者是它想表达的东西非常浅显的话，那样我就不会特别喜欢了。

2. 音乐的感染方式及经验分类

（1）音乐的感染方式

音乐感染主要有两方面：非认知感染与认知感染。非认知感染是音乐对听者的主要感染方式，音乐总能给予听者绵延不断的情绪体验与美感体验（以及一种身体动感）。无论这情绪是否是具体的，它都能与同样弥漫着的美感体验混于一处，使人舒适快乐。（B4）另一方面，听者可以受到由音乐歌词及外部信息带来的认知感染。这种感染可以不发生在音乐欣赏当下，但都依赖听者的知识信息积累和语言理解。（B5）

B4：他们的歌里面就是有一种很温柔的感觉……就是让你觉得很想这样子沉醉在其中，在音乐中摇晃呀……然后，就是会让你觉得周围的东西都是很温柔的那种，就是不会要跟你针锋相对呀，跟你要争出来一个结果来的那种。

B5：它歌名叫作“知道”，就是我觉得，很多时候都可能，不管在哪一种感情上面，就是很多人不太愿意去表达自己或者怎么样 ，就是不会让对方知道自己的心情，或者是对方不能知道自己的心情，就是，有一种，就是它的名字叫作“知道”但是它的含义其实是不知道，它想表达的是一种不知道的情感。

（2）依据感染方式对音乐的经验分类

从经验出发，可以依据音乐感染方式的不同将音乐区分为节奏性音乐和故事性（抒情性）音乐两类。节奏性音乐对应于非认知感染中“感受”的“身体动感”与“美感”部分。这类音乐律动感较强，在听者沉醉其中获得动感的整个过程里，歌词意义隐入幕后，而音乐节奏占据了主导。尤其对外文歌曲来说，其歌词常完全参与到节奏形成之中，而歌词表达的内容潜入幕后。节奏性音乐常作为运动的陪伴，其节奏性能恰到好处地使运动充满韵律。节奏性音乐能强烈地影响听者身体感受，并带来快乐体验，甚至转变身体运动的形态与意义。

D9：节奏感的音乐我就听得很开心，我就喜欢听这种样子的歌……因为我可以跟着它来跳舞……歌词对于我来说也不重要，我很喜欢听的就是它的旋律，包括它那个调儿，就会动，跟着它会动……就是，就是，晚上我会去操场上走路嘛，然后听着它我的步子就会从这样走（普通走），变成“哒哒滴哒哒，哒哒哒嘀哒哒”跟着它动……如果场地限制了我的肢体动作，就是我脑子里面会在跟着它动（笑）。

故事性（抒情性）音乐对应于非认知感染中的“情绪”与感受的“美感”部分，以及认知感染的理解。它常常较为舒缓，其情感内核更加明显，并能引起听者的故事联想（借助于理解）。依据其故事特征，此类音乐又能分为两类：定型的故事（C5），如歌剧音乐与电影音乐，音乐欣赏会使听者回忆起曾观赏过的故事，故事与音乐的重合又能有力地感染听者情绪；未定型的故事（D10），这类音乐歌词常带有发散性，能引发听者想象，音乐限定了故事框架但又不完全固定，这使被激发的想象如同相似色彩不同形状的气泡一般，给予听者相似的感受。

C5：我以前看过一个电影，叫××（指电影名），××（指演员）演的那个，它里面讲的是一个，几千年之后的一个事……然后这个（音乐）是这个电影中国区的宣传曲。

D10：因为它有故事在里面……民谣就是在听它的故事吧，我听民谣我脑袋里面会，就是自己脑补出来一个故事……但是我能记下来的基本上都是，就是那种情绪吧。

3. 偏好音乐变化缘由及影响因素

（1）偏好音乐变化

音乐偏好稳定与波动并存，即对于特定个体来说，音乐偏好在长时维度下稳定，但在短时维度下不断波动。

D11：我的总体喜欢的是不会变的，就是，它只会，就是比如说就像枝干，就像树一样，就是总体还是这个，就是它枝杈会越来越多，枝杈越来越多，但是它不会影响总体的走向。

一般来说，音乐偏好程度的减少有三种原因：重复过多引起厌恶与疲惫，但重复导致的喜好消失只是暂时的，不是真正的厌恶与拒绝（E2）；听者拒绝音乐所附加的意义，音乐也被一同拒绝（C6）；生活情境改变与听者自身成长（C7）。

E2：然后本来我就挺喜欢这首歌……然后这首歌就被反复听了 N 遍……之后我再也不想听到这首歌了。

C6：大体都是中老年听的歌……我妈说好好听，我也就觉得很好听，但到了现在觉得一点都不好听……可能我们喜欢潮一点的东西，现在的文化比较躁动，静不下心来听这种比较有沉淀的歌，有岁月感的歌。

C7：就是初高中的时候很哈韩，那个时候就是韩风特别流行，就每天只听韩风的歌……高考之后，我高考没考太好，然后就是感觉听，那个时候就是每天晚上都听这种乱七八糟的歌，看韩剧啊什么的……毕竟上了大学之后轻松一点了么，没有那么累了，觉得听这种，很浮，很肤浅的，它只是为了赚流量，只是为了，呃，就没什么意义。

音乐偏好程度增加有四种原因：偶然情境下特定音乐产生感染（A5）；听者自身的成长和生活改变（B6）；重复导致麻木（A6）；附着意义加入，如这首歌曲与听者喜欢的人有关。

B6：我以前听到的摇滚都非常噪，就很噪，很吵闹的那种感觉，但是后来有听一些，不那么吵闹的摇滚，然后也比较有情感的这种摇滚，然后就是慢慢地也喜欢听摇滚了。

A5：这首歌是我们高三毕业晚会上合唱的，然后，当时，我不是很喜欢……我就在这个纠结的时候，它正好，汽车的车载播放器正好播在这首歌，然后我就想到，我高三的时候正好毕业的时候也唱的这首歌……我记得当时我在车上听到这首歌的时候我也快哭了。

A6：其实这首歌真的我第一遍听它就觉得不好听，但听多了就觉得，啊，其实我也能接受，就是它耳熟了，或者说，它被一个，你很喜欢的人唱过，很喜欢的歌手，或者说你身边很近的一个朋友唱过，然后它不停地在你耳边放，你听多了就会觉得，啊，还可以……就是我不会讨厌它了，但也不会爱它。

（2）影响音乐偏好变化的重要因素

“他人”包括社会名人（如歌手）、亲密的人与“群体”。本研究中的名人主要指歌手，包括音乐演唱者及创作者。受访者的音乐偏好与他对歌手的态度有密切联系，对歌手的态度变化是个体音乐偏好改变的一条重要脉络。首先，歌手的作品是否高超对听者偏好来说是决定性的。（B7）其次则是歌手本人品格，这点是附着性的，能使听者对其作品的偏好水平发生波动，即加深或者削弱。（A7、B8）其次是歌手的处境，听者可能与之发生投射式的共鸣（B7）或者羡慕（C8），而这种外在因素使其歌曲也附着了一种“梦想”的标识。但是当歌手或者听者的处境发生变化，这一因素也就不再起作用。（C8）

A7：因为我觉得她很酷……然后再加上她本身个人的性格方面，就是一个女艺人，她不 care 一些大家对她的眼光，还是活得很精彩，所以我觉得，可能一方面是音乐，一方面是她本身有特质，所以我就一直都很喜欢她。

B7：我是看着他们变红的……就感觉他们就代表了一个年轻群体一样……就感觉他们可以带着我们的梦想去实现。

C8：就很崇拜他们啊……自己也想变成这个，就觉得自己学习这么多，好累啊，他们只需要跳一跳舞、唱一唱歌就可以赚好多钱和很多很多人的眼球，有很多人喜欢他……上了大学之后轻松一点了，没有那么累了，就觉得听这种很肤浅的，它只是为了赚流量，就没什么意义。

B8：就是觉得他们变了……他们现在的风格我还是会喜欢，但是不会特别有共鸣的那种感觉。

与听者建立了亲密关系的人（家人、朋友）会对他音乐偏好有重要影响。尤其是幼年时，家庭对音乐偏好的影响几乎是决定性的（B9），但会随个体成长而逐渐降低至一般。相对的，入学后的青少年期，朋友对听者音乐偏好的影响逐渐加强。

B9：其实我很早很早以前就开始听音乐……那时候我爸妈听什么……就是很老的那种，老式的那种情歌之类的，然后那时候特别喜欢。

B10：我从初高中就是喜欢×××（指另一位歌手）多一点，然后我大一的时候因为我的那个朋友喜欢××多一点，然后那段时间我就也比较喜欢××。

影响听者音乐偏好的他人的最后一种是“群体”，它包含了由大众媒体创设的虚拟群体与现实的、听者所处于其中的可触及的群体。对于“现实群体”来说，它以一种先升高后降低的形式而起作用，最终达到一种平衡。（B11）“虚拟群体”主要由媒体创建，媒体作为大众口味的代言人出现在个人生活中，这种影响可能先于“现实群体”。在个体幼年时，媒体对个人音乐偏好形成有重要的引导作用，它决定了信息收集能力还未成熟的听者所能接触的音乐。但媒体所创设的“虚拟群体”不会永远扮演权威，它最终会作为一种普通工具被听者所使用（C9）。

B11：初中的时候，因为没有住校么，就是几乎每天都是还在家里面，各方面都比较稳定的，就是没有变化的那种……然后到了高中的话，因为住校了嘛，跟同学在一起的时间更久了，然后可能说会跟同学交流啊，这种，这方面会更多，然后可能接触到的一些音乐会更多。

C9：就是初中的时候吧……我随便在 qq 音乐上面搜歌，那个时候好像才出专辑吧好像，这个板块是 × ×，它会推啊，它会在那个封面上推，比如说谁谁那个歌手，只要你给钱，就会把你放在首页上面推，我就随便点了一首，就这两首感觉挺好听的……毕竟群众的眼睛是雪亮的，那他觉得这个好听，我为什么不去试一试呢，就不一定我觉得它好听，但是我可以把它作为一种渠道，去了解音乐。

（b）受训。在原始资料中直接体现的，是音乐的“知识”与“技能”受训，即专业的音乐训练。有一名受访者从小接受舞蹈训练，这使她对音乐节奏十分敏感，并表现在身体运动与节奏的紧密贴合上。但未经训练的听者未报告类似的强烈身体动感。

D12：我的话就是，从小跳舞，我小时候跳舞对节奏感特别敏感……然后我特别喜欢跳舞，特别喜欢跳舞，我自己也有许多那种奇奇怪怪的舞蹈小动作，然后就可以踩到这个点。

（二）理论建构结果

1.“音乐（情境）”“我”“生活情境”的三重嵌套

我们欣赏音乐，就是处于音乐之中。音乐以其氛围包裹我们，能创设一种独特时空情境。在音乐欣赏中，除音乐（情境）外，还涉及听者的“我”所处于的生活情境，它总与音乐所创设的音乐情境相交混在一起。需要指出的是，“我”（下文中，“我”和“听者”是可以互换的表述）对音乐的欣赏总带着自己的独特生活历程，即一种“历时性”（或“历史性”）。（见图十、图十一）

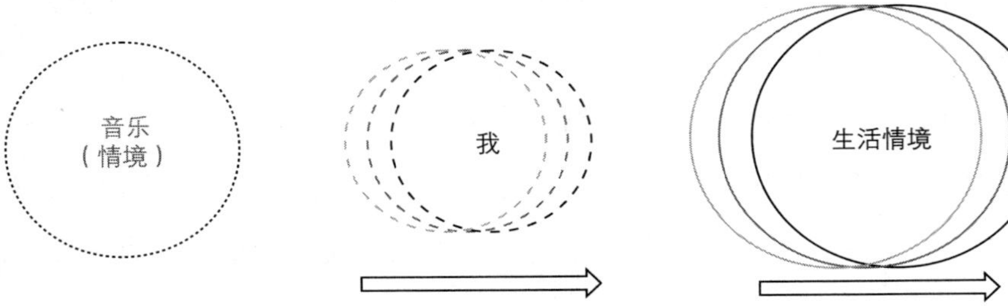

图十 “音乐（情境）”“我”“生活（情境）”的历时性

注：本文以三种线条不同的圆形分别表示这三个方面，以圆形的平移及空心箭头表示“历时性”，并统一运用于下文各图。

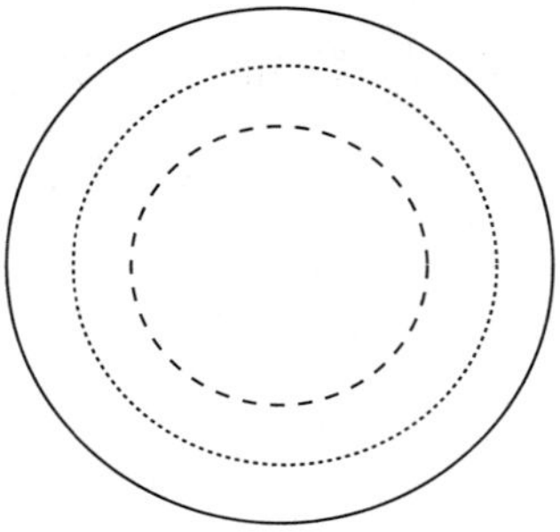

图十一 “音乐”“我”“生活情境”达成的嵌套形式

注：此图示中“音乐”对“我”的包含意指：处于特定生活情境中的“我”进入到某音乐情境之中被它包裹，下同。

2. 音乐的"功能"分解——特定生活情境下"音乐"与"我"的互动关系

音乐对"我"的生活（情境）具有三种功能，其分别是：(1) 抵御（见图十二）。音乐所创设的时空情境能作为一种包裹帮助我与生活情境中的各种"不舒服"隔离开来（如周遭的吵闹）；(2) 支持（见图六）。"我"迈入到音乐情境之中被它所支持，它一方面把"我"从跌落中搀起，另一方面又助"我"飞翔。换句话说，支持又可分为两个方面：A. 离心外泄，例如，处于悲伤情绪中的听者借助于同样悲伤的音乐情境使自身情绪向外涌流，音乐对"我"的环绕使悲伤不再限于"我"的内部，音乐的悲伤与"我"的悲伤间发生共鸣，让我的悲伤拥有了一个可以借之以宣泄的场所，"我"的悲伤以此种方式得到疏泄。过度的兴奋或紧张也是如此；B. 向心聚合，处于悲伤中的听者可以借助扬升的音乐获得慰藉，于此快乐音乐的环绕下，听者的"不开心"被慢慢中和并消散，取而代之的则是情绪的扬起，它是朝向"高处"的聚合。另一种情况下，当"我"本就处于一种扬升的情绪中时，扬升的音乐能使"我"的快乐涌向更高处。音乐以此两种支持形式帮助"我"调节自身情绪感

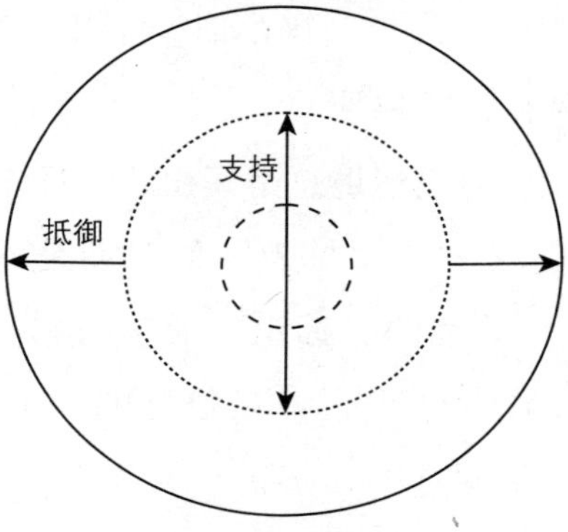

图十二　音乐支持与抵御的"功能"

受，它同时又是“我”对生活中各种不快的抵御。这两种功能实际互为正反。

（3）游戏。本文将听者在其音乐欣赏中的陶醉式的逗留称为“游戏”，它是音乐情境实现其支持和抵御的具体方式，但其效果却不限于上述二者，而拥有更广泛的内涵（可以说，音乐对听者当前行为的转化是通过“游戏”而达成的，例如，纯粹行走在音乐“游戏”之中成为节奏式的行进）。首先，音乐作为“我”“游戏”的对象侧具有三种成分（见图十三）：旋律、歌词与“标识”（根据音乐的不同，三种成分会有所增减），后者包括附着性的生活标识、我的标识、社会文化标识三种（前两者后文会提到，它们属于“我”在音乐中“游戏”时留下的“印记”）。对于附着性的社会文化标识来说，它包括音乐创作背景、歌曲专辑封面、歌手信息等与音乐密切相关的外界因素，其中一部分直接附着于音乐之上，是创作者在其创作中留下的文化标记，但其识别总是需要借助“我”的知识（源于书本或他人教授）；另外一部分源于“我”在生活中听闻的各种音乐相关信息，它是被“我”带来安放到音乐之中的，但仍属于音乐而不属于“我”。实际上，“标识”既可以独立于旋律与歌词，又被内含于这两者中。音乐本身作为文化产物与各种“标识”（尤其是社会文化标识）是不相分离的，这尤其体现在歌词上，对于某些歌词来说，对其含义的充分把握要求一种文化背景。歌词内容（如讲述故事、表达情绪）经由“我”的想象与理解能被创设成较明确的时空情境。“标识”对旋律的参与相比要少（但它仍然存在，所以听者能对音乐进行分辨并判断其所属类型），这使得由旋律创设的时空情境总是模糊的、身体感应式的、去文化的。此外，“我”于“游戏”之中与“标识”的互动是可以超出音乐情境限制的，听者能借着音乐的附着性的“标识”而参与到与标识指示的社会文化知识的互动中。旋律与歌词也并非相互独立的（歌词的诵唱本身内含旋律），二者在歌曲中构成协同整体。

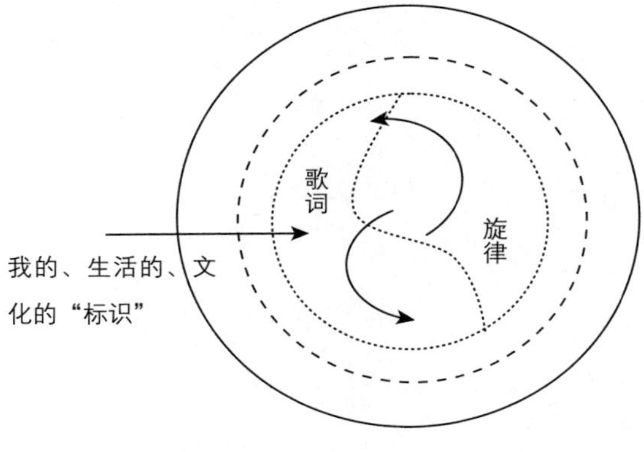

图十三 “游戏”中的音乐成分

注：此图中“我”和“音乐”间嵌套关系的颠倒意指：“我”总是来自“生活情境”，带着各种“标识”与历史进入到音乐“游戏”之中，下同。

与作为对象侧的音乐相对应，“认识”“情绪”“感受”三方面（见图十四）是“游戏”的主体侧内容（主体侧的历史性难以体现在图十四中，但在图十五中被标明）。“感受”是音乐欣赏的基础，“我”总归是需要凭借着“我”的身体感官去和音乐打交道的，“游戏”便因此首先是“身体”与音乐的“游戏”，音乐旋律(包括歌词内含的旋律）直接给予身体以运动暗示。它是一种兴发，包含了“扬升”（令人舞蹈）与“抑止”（催人入睡）两个方面。“感受”作为对音乐的整体感受总给“我”关于音乐的最初印象；“认识”是一种理解，它关联到音乐的“歌词”与“标识”部分（有时能包括“旋律”），歌词所创设的明确的故事性情境必须借助“认识”来打开，附着性“标识”所关联到的社会文化背景同样如此，但它所关联到的“我”与“生活”却是情绪性的。情绪与感受紧密关联着，二者组成上文的“非认知式体验”，能够助长“我”对于音乐的理性认识。除歌词所创设的故事情境能引起情绪反应外，旋律通过作用于身体感受同样能造成情绪变化（听者在“舞动”中感到快乐、在催人入睡的沉静中感到祥和），此外，“附着标识”同样会借助于“认识”对听者情绪产生影响。

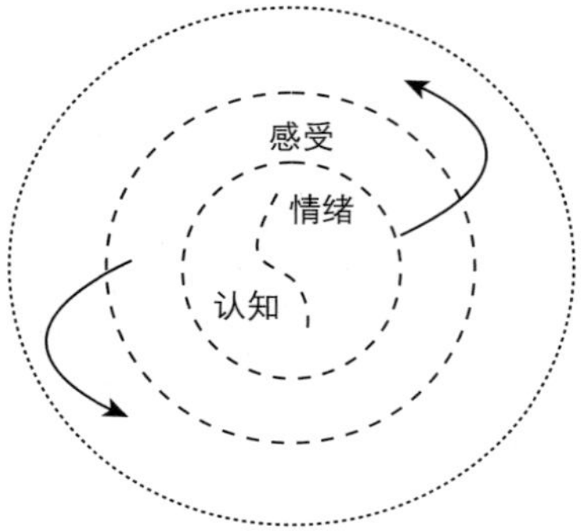

图十四 “游戏”中主体侧成分

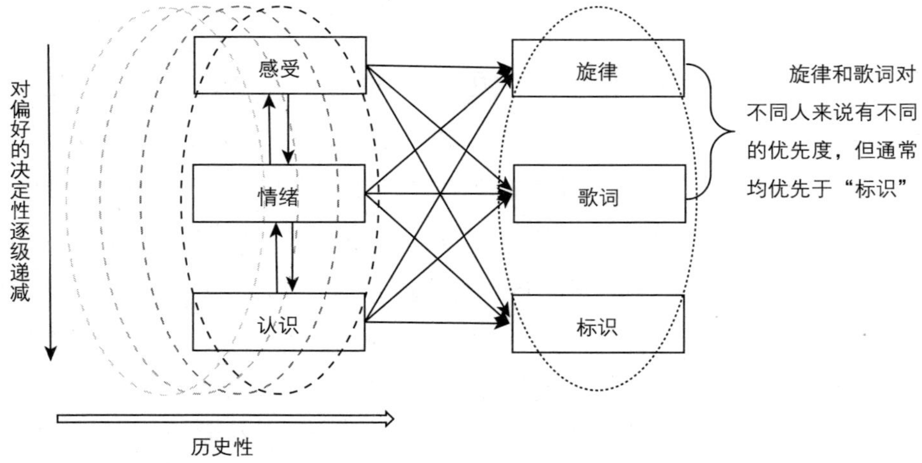

图十五 “游戏”中“我”（主体侧）与“音乐”（对象侧）各成分间互动关系

在音乐聆听的当下，“我”在其中进行的“游戏”十分复杂。但总的来说，这种“游戏”主要是围绕身体动感、情绪以及“标识”三个核心展开的，前二者是音乐欣赏当下的主要内容，后者则不仅关联到听者在其生活情境中的知识沉淀，还涉及他生活情境的演变过程（或称生命史）。而经由“我”对“抵御”“支持”和“游戏”这三方面音乐功能的使用，自我的构建、维持和表达的循环便形成了。需要指出，由于上述音乐功能的具体内容并不限于认知与实践式的（抵御），它还包括了情绪与存在（听者身体式的在场）方面（支持与游戏）的诸种效果。“功能”便因此不可被视为单纯的实用性功用，它同时是一种“意义”，拥有情绪与存在方面的价值（见图十六）。

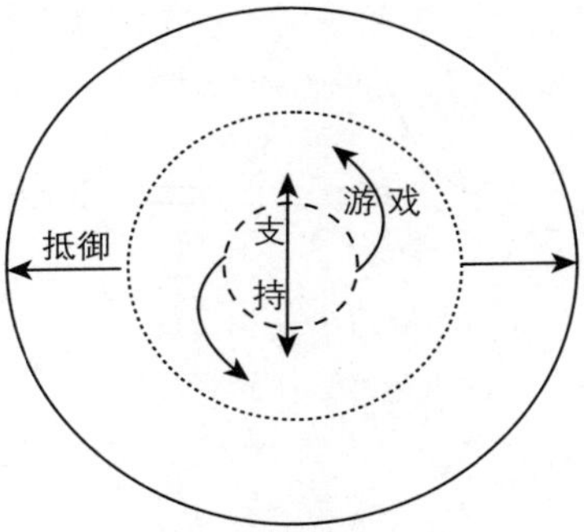

图十六　音乐“功能”（“意义”）

3. 音乐“偏好”于“功能”使用中的形成

听者借助“游戏”来“抵御”外界不适、“支持”自我情绪与认识。不同音乐的功能发挥效果不同，其中，一部分在特定生活情境下发挥了良好效果的音乐便成为了“称手”的：在这“称手”音乐所创设的时空情境中，“我”能玩得开心，它帮助“我”抵挡了外界并支持了我。这样，此类“称手”音乐便被认为是属“我”的，它与“我”有很好的契合性。

“我”对音乐的反复使用和“游戏”会在它身上留下“印记”（见图十七）。“印记”包含“我”于特定生活情境中在音乐里的种种情绪与回忆，这些回忆与情绪既关联到“我”，也关联到“我”的“生活”。因此，属“我”

的音乐除能够在聆听当下进行情境创生外，还能对所有“我”“游戏”于其中时的自我与生活情境有所“标识”。同样因为这种“称手”，当“我”在生活中遇到某些烦恼，“我”就会不断地使用它以支持自己和抵御外界。而当“我”闲来无事时，我可以借着“称手”音乐的“印记”回忆种种往事。

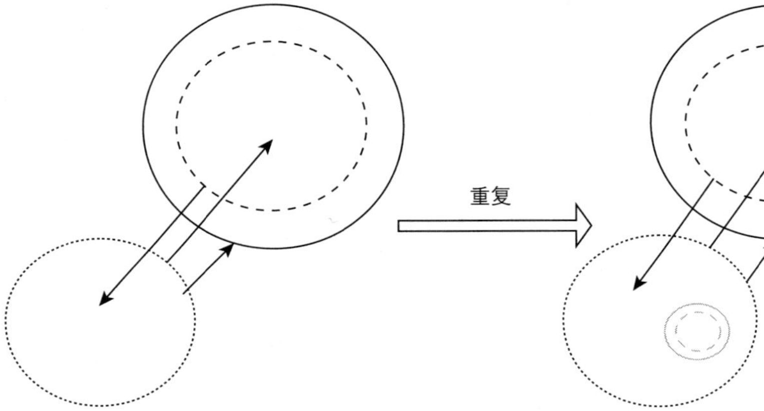

图十七　音乐“印记”的获得过程

注：图中左右两侧各自的三个箭头分别代指音乐“功能”的三个方面。

音乐对“我”而言“称手”便是我的“偏好”（“称手”与“偏好”在后文中便成为可互换的概念，前者偏重功能，后者偏重意义）。当“称手”的音乐被赋予“印记”，沉淀了我的记忆和情绪，偏好音乐便成为了重要音乐。而前文提到的“最初的偏好音乐”的四种特点便可被归为两类：“印记”沉淀与“功能”施行。“印记”随听者对音乐的“用”而不断沉淀累加到“标识”方面，使它的优先性有所提升，有时甚至可以超过旋律与歌词成为影响“偏好”的决定性力量。就“最初的偏好音乐”来说，它的旋律与歌词虽在当时给“我”提供了“游戏”场所，但对长大的“我”来说已不再合适。它的“称手”性的根源完全转移到了“印记”标识之上。

4.“偏好”的历时性变化

所有音乐欣赏发生在一定的生活情境中，但“我”与“生活情境”并非严格嵌套关系，二者间可能发生一种错位（变化小）与断裂（变化大），造成“我”的各种不适。

当它存在一种错位时（见图十八），“我”能通过自身努力将生活拉回到正轨。在这种情况下，“我”是连续变化的，而我的“偏好”不会有剧烈改变：旧的偏好歌曲基本稳定，它对于我来说仍是“称手”的，其“功能”仍然有效；同时，因为“游戏”总需要一种新鲜感，“我”始终在通过“称手”音乐收集来获得快乐并发现自我的各种可能。

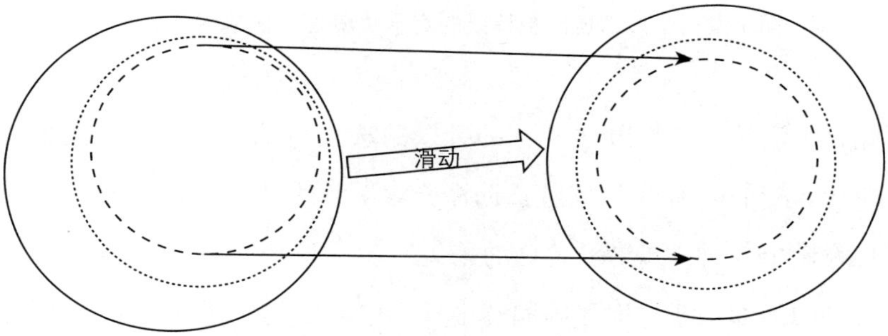

图十八 “生活情境”滑动造成的音乐“偏好”平衡调整

当生活情境的变化发生断裂时（见图十九），这种变化造成“我”的“（身体）感受”“情绪”与“认识”的改变：“我”无法以旧模式应对新情境，必须要改变自身获得“成长”。在这“成长”之中，“我”在新的生活情境下面临新需求与新挑战，因此“我”需要寻求新的音乐。新的音乐情境将能满足“我”在当前生活情境中的各种需求。而旧的偏好音乐中由于这种变动而发生分裂：其中一部分因仍然“称手”而被继续使用（C 部分），一部分不再“称手”但作为有意义的“印记”载体被保存（B 部分），剩余部分因其“印记”不再对“我”有价值，或不具备深厚“印记”而被忘却（A 部分）。

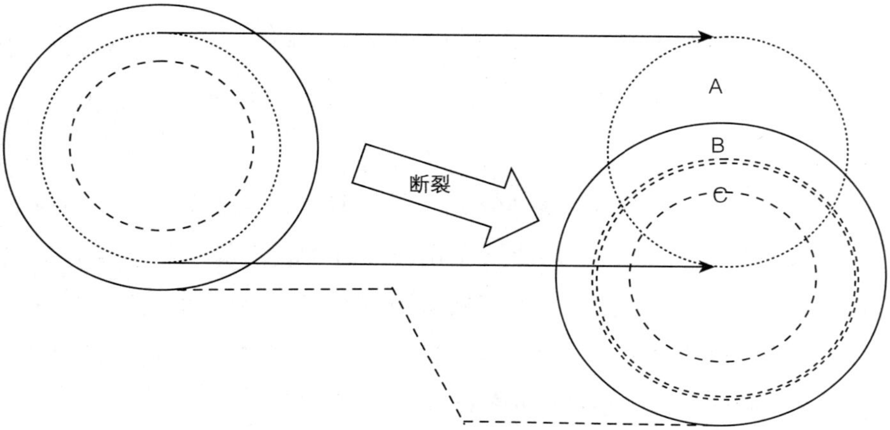

图十九　生活情境断裂造成的音乐“偏好”的重建与丢弃

因此，生活情境影响着“我”的音乐的选择与偏好。选择什么样的音乐，就是选择什么样的“游戏”场所，选择要对生活的哪些部分做出“抵御”，选择要对自我做出何种“支持”。总的来说，生活情境是变动与稳定的混合体，它有着自身的连续主线，但也因偶然事件发生着变化，这种变化可以巨大而长久（如升学），也可以是微小而短暂的（如出游）。

5. 影响音乐“偏好”的其他方面

“他人”是生活情境的重要组成部分。生活情境的变化总涉及他人变化。生活中的“他人”有三种类型（见图二十）：（1）社会文化名人，名人外于“我”实际接触到的生活情境，能以知识或信息的形式参与进来。他一方面直接与音乐关联，是音乐的作者或演唱者，当其音乐对“我”来说是“称手”

的，“我”就关注他们来获得更多的类似音乐；另一方面，名人可以作为“标识”出现，这种情况下“我”在与他们相关的音乐中的“游戏”更多是与其联系着的社会文化来进行互动；(2) 亲密他人，他们是“我”的亲友，“我”和他们能相互影响，并分享各自的偏好音乐，而在这共同偏好中，“我”能和他们一起“游戏”其中，这进而对亲密关系达成“支持”以及有“抵御”威胁的效果；(3) 外围他人，他们是围绕“我”的不太熟悉的人，是“我”所处于其中的群体，这一群体可以是班级同学、周围同龄人等小群体（现实群体)，也可以是由媒体塑造出来的更大的年轻人群体（虚拟群体)。后者处于实际可触的生活情境之外，但作为信息显现于生活中。此外，偏好音乐所附着的社会文化“标识”对“我”有一种“反标识”的作用，成为我的“标签”(他人也是如此)。“我”可能会按照此“标签”寻找与“我”兴趣相投的人，或为了融入某群体而丢弃或隐藏“我”原有偏好而选择他们的。

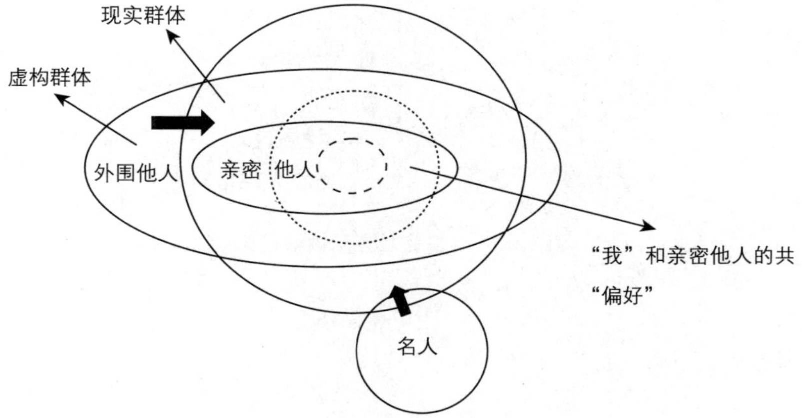

图二十　三种“他人”类型对音乐“偏好”的影响

“受训”是影响偏好的又一重要方面，它包括：(1) 知识积累，“我”在自身“成长”之中获得社会文化知识并不断积累，并借此可以识别音乐中各种附着性文化标识，以及与之进行“游戏”；(2) 信息积累，“我”从“他人”处得到音乐相关信息，并借此而获得更多的“称手”的音乐（主动寻求信息或是被动地听从建议）；（3）技能积累，通过专业音乐技能训练，“我”能凭借它在音乐中“游戏”地更好，并能让那些对普通人来说并不“称手”的音乐变得“称手”。

“重复”同样影响了个人“偏好”的变化（见图二十一）。正如前文所说，“重复”乃是“称手”音乐获得“印记”的关键。但是，当“重复”过多时，“我”在“偏好”音乐中“游戏”的新鲜感是在减少的，因此“我”就需要去寻求新的“称手”音乐。另一方面，“重复”对于不“称手”的音乐来说是另一种情况，单纯的“重复”让“不称手”变为“称手”的情况相当的少，熟识并不能让某音乐良好地对“我”行使“功能”，“重复”带来的只有麻木、疲倦和厌烦。

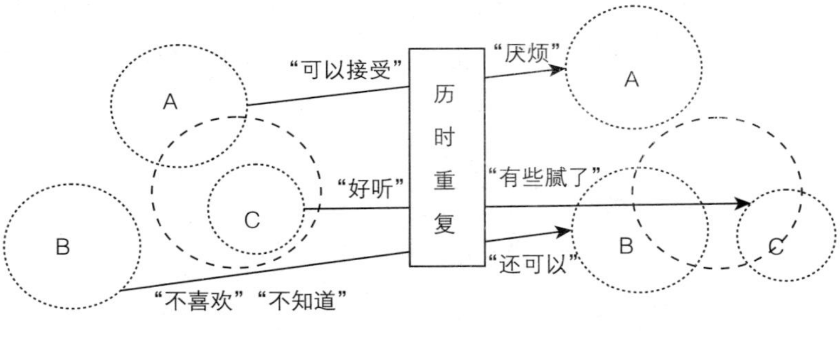

图二十一 重复对音乐偏好的影响

四、效度检验

（一）检验方法及结果

研究采用参与者检验法和非参与者反馈法进行效度检验，将结果反馈回全部受访者，收集意见后又选取两名非参与者（均为非音乐专业大学生，喜爱音乐）进行了反馈法检验。检验结果如表四所示。反馈结果显示，检验者意见与研究结果的差异可归于两点：A. 资料收集的关注误差，检验者意见外在于研究主题；B. 结果表述误差，检验者意见已包含在结论之中，只不过未被强调。

表四　对检阅者意见的回应与处理（部分）

结果	反馈意见	回应与处理
音乐对生活的参与方式：音乐渗透在生活里。作为背景影响人对世界的感受	音乐与人之间既有主动的关系又有被动的关系	本研究中的这一结论所强调的是音乐的“主动性”，但因原始资料所限未对人与音乐间的互动关系进行探讨，检阅者的意见十分重要并将在后文详细讨论
音乐对于情绪的强介入性：重要而有意义的歌曲的重新聆听会唤起对相关情绪状态的回忆及重新感受	有时歌曲唤起的情绪并不强烈，而只是淡淡的存在	同样因为资料所限，前文中的结果主要关注于音乐所唤起的强烈或具体的情绪，而检阅者的意见则很好地补充了这种缺失，即音乐既可以与具体情绪相连，又可与心境相联系
音乐的意义性：音乐具有着一种普遍的意义性，正是这种意义使得音乐的功能不至于成为机械式的功用，我们热爱音乐乃是因为它本身	“我们热爱音乐是因为它本身”这一点缺乏一定的说服力，此外，如果不具体情况具体分析，音乐的普遍意义性将相当于无意义，所以必须更加深入地来探讨这种音乐内在的意义性位于何处	检阅者所提出的问题十分深刻，音乐的魅力在于其特殊性而非普遍性，这使得它的意义性不能够脱离具体情景具体音乐而空泛地来谈，意义乃是坐落于个体与特定歌曲的直接交互之中，这点后文讨论中会提到
音乐的意义性/关于最初的喜爱歌曲：这类歌曲通常会给听者以较大的冲击	“较大的冲击”不易理解	较大的冲击是一种相对的说法，用来表现最初的喜好与之前的空白对比之下的“冲击感”，但实际上这种看法已经带有一种初次喜好必然带来冲击的前见，于是在此将“冲击”更换为触动

（续表）

结果	反馈意见	回应与处理
音乐的感染方式：认知式（强调音乐外部信息）的共鸣对于音乐的美是一种锦上添花的效果	我觉得认知式的共鸣对于音乐的美不仅仅是锦上添花，音乐的外部信息还包括时代背景、社会环境等，认知上的共鸣也是很重要的。 另：认知上的共鸣也可以起到决定性作用，例如，歌手创作的背景可以引起自身强烈的情感反应和认同，甚至使自己爱上这首歌曲	检阅者对音乐外部信息的强调是十分有价值的。这使我们注意到音乐作为艺术作品不仅仅有体验维度上的审美，还有着额外的维度，我们同样可以像观看一幅画一般去“观看”一首歌曲，而不仅仅是体验它
音乐的感染方式：情绪性的共鸣，分为具体情绪的共鸣和弥漫性情绪的共鸣	我认为还有情感的共鸣，应该与情绪性共鸣区分	本文将情感的共鸣归到了具体情绪的共鸣之中，因为考虑到即使是情感，它在具体情境中常以具体情绪的形式表现出来，检阅者意见只是区分方式的异议而已，故不修改

（二）对研究过程中效度威胁的反思

1. 抽样过程中的效度威胁

本文采取目的性抽样之中的强度抽样进行样本抽取，即选取信息强度较大的个体，此外，样本还需具备较好的表达能力及意愿，以便于信息采集。在实际研究中，受访者均为主动报名，喜爱音乐并具备较好的表达能力，保证了信息较高的密度和强度。

2. 研究者身份带来的效度威胁

研究者在研究中作为研究工具存在，因此研究工具的特性便会影响资料收集效果。音乐本身是年轻人经常谈论的话题，研究者年龄与受访者年龄相仿，不存在隔阂与障碍。性别同样不会影响访谈效果。此外，研究者具备着“局内人”与“局外人”的双重身份，研究者同样喜爱音乐，因此能理解他人的音乐感受；但研究者本人的音乐偏好与受访者是有差异的，这使研究者能跳出具体情景而对受访者感受客观记录与理解，避免过多的共情，双重身份降低了效度威胁。

3. 资料收集和分析过程中的效度威胁

在资料收集里，为保证访谈提纲的有效，本研究历经文献整理与预访谈两阶段对提纲进行编制，标注提问核心但又不严格限制，力求访谈灵活多变。为保证访谈的流畅，访谈多为脱稿进行，并在结束后收集受访者感受，以便对下次访谈提问及内容进行修改。在具体访谈里，研究者表现随和，使受访者处于放松状态，减少了资料收集中的效度威胁。

在资料分析里，录音稿转录皆为研究者手动操作，详细记录受访人的表述内容及表情变化，以求达到最佳现场还原性。在参考点建立中，研究者沉浸其中搁置评判与推测，对资料反复阅读，详细划分意义单元。后续各级编码均建立于参考点之上，各级编码在自下而上形成之后又自上而下进行比对与修改，进行了资料分析的循环过程，降低了类属分析中的效度威胁。

在得出理论后，以理论为基础对类属分析主题高级编码进行修正，再以原始资料及修正的编码对理论进行反修，整个过程实现循环，得出了一致性理论并以其统整了类属分析中的各个主题，降低了理论建构中的效度威胁。

五、讨论

（一）主题呈现方面

1. 音乐在生活中的角色

音乐深刻地影响了个人生活：它可以作为背景影响我们的行为方式，发挥各种功能。音乐与个人经历相关，它与经历之中的情绪紧密联系着，印刻了听者的自我回忆，有着意义。音乐的这一“功能”与“意义”的一体性被克鲁格（Krueger，2011）称为“支撑式结构”（affordance-laden），这种架构会被个体用于生活中的情感调节与社会协调两方面。同样，史密斯（Smith，1979，引自 Dura，2006）反对将音乐视作完全被动的客体对象：音乐欣赏好比接受馈赠，互动的双方共有一种“主动性”。音乐功能/意义的一体使得它能对自身有主动展现，并摆脱了完全性的客体身份。（Dura，2006）音乐欣赏中音乐的“主动给予”和听者的主动参与是必不可少的两个部分。杜夫海纳（Dufrenne，1973）进而将这一“主动”称为音乐的“准主体性”（quasi-subject），他认为音乐能够在自身内部包容一种时空关系，表现自身并感染我们。这也是音乐“背景性”的缘由所在。作为“准主体”的音乐能与作为主体的人交织在一起，这一交织被克鲁格视作音乐行使其“支撑”的关键，也被维思库斯（Wiskus，2013：90－102）视作音乐表达运动的开启之处。

“背景性”被伊德（Ihde，1976，引自 Dura，2006）视作音乐的根本属性。具体来说，伊德认为音乐的背景性有两种成分：“环绕性”（surroundability）与

"指向性"（directionality）。指向性是环境声共有的一种特点，即它在被听到同时就能表明自身所处位置，音乐作为环境声的一种同样具有指向性。但音乐与其他环境声的差别在于，它既能从某方向而来击中我们，又能以无方向性环绕我们。另一方面，作为背景环绕我们的音乐总是历时流动的。就是说，音乐不仅仅能在自身创设的空间中流动，它所创设的空间本身也始终处于运动之中。音乐空间能流淌于听者之间，而不同音乐的同时在场又能使听者同时处在多种不同的空间的交替（或是处于一种混乱的重叠空间）之中。（Burrows，1990，引自 Dura，2006）

2. 音乐的感染方式

首先，将认知与非认知视作音乐的两种感染方式是十分传统的，并且已有许多研究指出此二分无法真实反映听者感受到的一切。（Reimer，1989：引自 Dura，2006）但本文的此二分并不意味着认知与非认知是两种相互区隔的感染方式。实际上，这二者在实际音乐体验中总是相互混合着并相互渲染着，此种分法因此是有一定价值的。正如杜夫海纳所认为的，音乐欣赏之中的反思与非反思成分存在着合一与震荡，但是二者都是音乐知觉的必需成分：反思为非反思的升华准备了通道，并进一步阐释它；非反思则是音乐的入口，引导了反思的走向。在音乐欣赏中，二者引发知觉震荡使听者无意识地变换音乐体验方式。此种变换十分迅速，以至于二者在实际中凝结为整体感受。故认知与情绪因素在音乐欣赏中几乎是不可分的。另一方面，本文还指出"非认知感染"还发挥在音乐之外，因为音乐相关的社会文化因素同样是音乐感染的来源之一。

本文还将音乐区分为故事性（抒情性）音乐与节奏性音乐，前者强调音乐内容对听者内心的打动，后者强调音乐形式对听者身体感受方面的影响，此种分类同样不是区隔，此二者是所有音乐具有的两个侧面。对于音乐的故事性来说，杜夫海纳将这一方面描述为“世界”的开启，而这种开启则源于前文提及的音乐作为“准主体”蕴含的时空关系。也就是说，音乐在其内部能占有一种时空，二者在音乐内部紧密相连构成其表达性。但是音乐表达无法自行完成，它终归是“准”主体的，所以其表达实现需要听者的主动参与。对于音乐的节奏性来说，它总能引起听者身体感受的“调和”，伊德将音乐的这种身体式影响称为“舞动”，它包括具体舞蹈行为和听者内心的的“舞”。以身体为核心的听者在音乐中的节奏感受与共振则源于音乐的动态本质，而这动态又与音乐的时空流变性相关联。“身体的直接在场”使音乐能直接穿透身体感染我们，音乐体验在根本上是身体性的。

3. 音乐偏好变化的缘由及影响因素

研究探索了偏好音乐的变化原因及因素。总的来说，音乐偏好变化有三种原因：重复、情景改变、听者对附加意义的态度变化。对于重复来说，本研究的发现与哈格里夫斯（Hargreaves，1986）的“倒 U 形理论”（重复因素影响了个体音乐感受的主观复杂度，进而对音乐态度产生影响，只有当主观复杂度达到中等层次水平，听者才会认为音乐是好的并且发生态度良性改变，而主观复杂度过高和过低都会引起听者的不喜）总体一致但存在细微差别。本文多处资料表明，单纯重复不会导致听者真正的态度改变，其改变是一种暂时效果，脱离这种重复后，听者态度会恢复其原本的形态，即取决于这一音乐与听者本人是否“契合”良好。相比之下，情景变化较强地影响了音乐偏好，情景变化又包括长期性情景变化及短期性情景转换，在不同音乐欣赏情景下，听者的音乐喜好均表现了明显差异。另外，音乐的附加意义主要在认知层面影响听者的接受或是拒绝（例如，长大后对儿歌的怀念、青春期对怀旧歌曲的拒绝），其影响同样是重要的。

总体来说，情景改变是影响个体音乐态度改变的关键原因。偏好随情景的变化则是听者自身随情景改变的一种表现。音乐作为直接感染听者的体验式艺术，能对听者自身变化有一种反映，个体在差异性情景中喜好的差异表现反映了听者的情景化自我。此外，音乐的外部因素如音乐训练，人际及大众媒体对于个人音乐偏好的影响与许多前人研究相一致（Leblanc，1982；Keston & Pinto，1955；Williams，2018；Bonneville-Roussy & Rust，2017），在此不再赘述。

（二）理论呈现方面

研究得到的音乐功能及偏好形成变化模式是："我"在"生活情境"下欣赏音乐，音乐在特定情境下发挥其"功能"——供我"游戏"、"抵御"生活中的威胁并"支持"我的情绪与自我。"游戏"是后两者的实现形式，也是音乐欣赏行为的核心所在（音乐功能模式）。而音乐"功能"实现的效果好坏决定了它是否"称手"，"称手"者便是"我"的偏好。而生活情境和"我"的相互作用及改变则影响了特定音乐的"称手"性，从而导致了偏好的历时性改变（偏好生成与变化模式）。

1. 与音乐功能模式相关理论的对比

本部分将问题提出部分涉及的三种音乐功能理论作为比照对象，其分别为莱霍的"音乐功能类属理论"、萨里卡莱欧与厄基拉的"音乐情绪调节理论"和巴尔塔扎尔的"音乐情绪调节的整合模型"。

莱霍的理论建立在文献整理之上，并得到音乐在人际关系、同一性

（identity）、能动性（agency）与情绪方面行使的四种功能。可以说，莱霍所整理的音乐功能类属有力补充了本文结果的缺失，尤其能动性方面本文完全没有涉及。人际关系方面的功能本文虽有所提到，但不是重点。这种缺失是由于研究偏向所致，本文重点探讨音乐在个人生活方面发挥的“功能”，因此“同一性”（本研究中称为“自我回环”）可被解释为奠基于音乐的情绪功能之上的一种后续效果。人际关系主要作为影响参与到偏好变化中，莱霍所指出的归属感与私密感可被认为源自“我”与他人在音乐中的共同“游戏”，“游戏”作为主体间的“共参与”和“情绪暴露”可能导致了个体归属感与私密感的生发。

萨里卡莱欧与厄基拉的音乐情绪调节理论关注个体因目的驱使而主动行使策略进行的情绪调节过程。该理论分别从动机与认知策略角度进行了音乐功能实现过程的分解，强调知性目的对音乐行为的牵扯作用，功能则被认为是目的牵扯的效果，诸种策略则为其中介。相比之下，本文的音乐功能部分强调功能本身而非其目的层面，听者音乐行为选择虽有时会受到明确的情绪调控目的驱使，但这不能反映所有情况。例如，被萨里卡莱欧归为策略的娱乐与休憩本身可以作为音乐行为的最终目的，情绪平复与其说是一种引发两种策略的外在驱动，不如说是这二者的内核。此外，娱乐与休憩在本文中属于音乐的“游戏”功能。这样，以情绪调控为目的的音乐行为在实际中是以“游戏”为目的，目的本身是不外于音乐的，也不外于“功能”的内部运作。另外，不仅仅娱乐、休憩、思考（与文化标识的游戏）等策略可被归于“游戏”，注意转移则可被认作为“抵御”，排解、感受增强与慰藉则属于“支持”。

巴尔塔扎尔音乐情绪调节整合模型中的“目的”不再像萨里卡莱欧那样外显，可以作为前反思被音乐行为内含，这与本文结果一致。另一方面，巴尔塔扎尔理论中的各种策略同样可被“游戏”（娱乐、休憩、注意转移）所概括，三者作为策略同时也是策略所导向的目的。但“认知工作”“感性工作”

和“情境聚焦”却是完全性的认知策略，在这三种策略下，听者能够获得情绪的“支持”与“抵御”。对于巴尔塔扎尔所说的音乐机制方面，若从本文理论来看，音乐特征依赖机制可被归于旋律部分，而个体特征依赖机制中的识别、记忆应属于“附着标识”，而美感与熟悉度应属于个体与音乐的交互产物，很难说是完全属于音乐机制的。此外，巴尔塔扎尔提到的个体的三种层面“认知”“感受”与“身体”，与本文理论不相矛盾，区别只在于巴尔塔扎尔将感受更多地理解为情绪心情，而本文将感受更多理解为身体感受。

2. 与音乐偏好形成相关理论的对比

本部分将上文提及的三种典型的音乐偏好生成理论作为对照，其分别为：勒布朗的“层级模式”、沃克的“刺猬行为理论模式”与哈格里夫斯的“相互反应模式”。

勒布朗的“层级模式”强调音乐作为刺激信息在环境影响下分别经由身体、注意、情绪三个层面，进入到特殊性的个体大脑中被思考、判断的整个过程。在该理论中，被音乐功能研究者看重的“情绪状态”成为一个中介层，音乐偏好的决定权被归于大脑。这从生理角度来看固然没有问题，但这种观点无异于增进对音乐偏好形成过程的理解，“偏好”作为个体心理体验（包括反映在心理层面的身体状态）倾向不能等同于信息处理式的决策过程。与它相比，本文的音乐偏好形成理论强调音乐“功能”施行中“称手”性的实现，即主要关注听者在音乐中所感受到的和收获到的东西，而正是这些让某些音乐被听者认为是“称手”，继而被个体所喜好。整个偏好判断以情绪感受的体验为核心，它是即刻性的、印象性的以及前反思的。

沃克的刺猬行为理论关注音乐复杂度与偏好之间的关系。其理论与哈格里夫斯的倒 U 形理论十分相似，都是描绘了重复或复杂度对听者偏好的影响。

在本文看来，沃克谈论的“复杂度”可被理解为听者在音乐“游戏”中的“新鲜度”，主观复杂性最佳的音乐能对听者产生新鲜的吸引力，促使他在其中停留，相比之下，复杂性过高（如某些古典音乐）或过低（如儿童歌曲）都无法让听者在其中愉快地“游戏”。

哈格里夫斯的相互反应模式是一种循环模型。可以说，他谈到的音乐、个人、情境之间的相互作用与本文结论是相通的。而他所说的“反应”部分在本文中体现为音乐“功能”内部运作，但将其命名为“反应”实际上是一种低估，个人在音乐中不是被动地承受刺激做出反应，而是主动地参与其中取得自身所需。

六、结论

音乐与听者生活密切关联，它以背景性方式广泛参与到生活中，作为“功能—意义”的结合体影响着个人情绪，促成自我建构与肯定。在音乐欣赏中，音乐以认知与非认知方面感染听者，相应的，音乐按照感染方面的侧重可分为节奏性与故事性音乐两种。长期来看，个人音乐偏好稳定与波动并存，偏好变化原因主要有重复、情境与自我改变、附带意义三种，“他人”与“受训”方面的影响同样不可忽视。

因此，音乐功能及偏好生成便可视作“生活情境”“我”和“音乐”三方面的“历时”互动结果。“我”总在特定生活情境中欣赏音乐，音乐在这一互动中发挥“支持”“抵御”和“游戏”三种“功能”。“游戏”是前两者功能的实现形式，同时作为功能（或目的）还包括了互动过程本身。

在音乐“游戏”中，我以“认识”“（身体）感受”和“情绪”应对音乐的“旋律”“歌词”和“（附着性）标识”，前三方面是历时变化（经由“受训”）的，并身处生活情境的流变（经历）之中受其影响（尤其是生活中的

“他人”）。后三者中的标识源于生活情境对音乐的侵染，它可直接来自生活情境（社会文化），也可以是一种“印记”：“我”在生活里的历时“游戏”留下的痕迹（我与经历）。

音乐“功能”的情绪与记忆价值使“游戏”成为“意义”赋予的关键，我在音乐中便可感受意义（标识）与制造意义（印记），情绪处于意义功能统一体的核心。当音乐很好地发挥了它的“功能”，它对我来说就是“称手”的，并被我“偏爱”。“生活情境”与“我”的历时性影响了音乐“功能”的施行效果。历经变化之后，有些音乐仍然“称手”被我所爱，有些不再“称手”却拥有足够深厚的“印记”而被我收藏，另一些不“称手”也未留下重要“印记”的音乐则被我遗忘。对于音乐来说，“历时性”是它的“重复”，同一“游戏”的多次重复会使我对音乐失去“新鲜感”，我因此需要时常寻找新的“游戏”场所。

如此，音乐功能与偏好便不再是两个不相干的方面，而是在事实上紧密关联的，从前者我们可以找到后者变化的缘由。并且，音乐的功能也不是纯实用性的，其本质乃是一种“游戏”。此外，本研究因为探索范围的限制，未能对“他人”与“受训”两方面因素做进一步的探索，而音乐对情绪的影响则可以通过“游戏”进行阐述和解释，这一缺失将有待后续研究的补充。

参考文献

陈向明（2000）. 质的研究方法与社会科学研究. 北京：教育科学出版社.

刘玉杰（2004）. 浅谈音乐在电视节目中的作用. 戏剧文学（4），96.

许冰（2011）. 国外音乐偏好影响因素和理论模式研究综述. 福建师范大学学报（哲学社会科学版）（4），196—204.

Baltazar, M. (2019). Musical Affect Regulation in Adolescents. In K. McFerran, P. Derrington & S. Saarikallio (Eds.), Handbook of Music and Adolescence. Oxford, UK: Oxford University Press, pp. 65 – 80.

Blacking, J. (1995). Expressing Human Experience through Music. In R. Byron (Ed.), *Music, Culture, and Experience: Selected Papers of John Blacking.* Chicago, US: University of Chicago Press, pp. 223 – 242.

Boer, D., Fischer, R., Strack, M., Bond, M. H., Lo, E. & Lam, J. (2011). How Shared Preferences in Music Create Bonds between People: Values as the Missing Link. *Personality and Social Psychology Bulletin*, 37 (9), pp. 1159 – 1171.

Bonneville-Roussy, A. & Rust, J. (2017). Age Trends in Musical Preferences in Adulthood: 2. Sources of Social Influences as Determinants of Preferences. *Musicae Scientiae*, 22 (2), pp. 175 – 195.

Boyle, J. D., Hosterman, G. L. & Ramsey, D. S. (1981). Factors Influencing Pop Music Preferences of Young People. *Journal of Research in Music Education*, 29, pp. 47 – 55.

Brittin, R. V. (1991). The Effect of Overtly Categorizing Music on Preference for Popular Music Styles. *Journal of Research in Music Education*, 39, pp. 143 – 151.

Burrows, D. (1990). *Sound, Speech, and Music.* Amherst, US: University of Massachusetts Press.

DeNora, T. (2006). Music and Self-Identity. In Bennett, A., Shank, B. & Toynbee, J (Eds.), *Popular Music Studies Reader*. London and New York: Routledge, pp. 41 – 47.

Dufrenne, M. (1973). *The Phenomenology of Aesthetic Experience* (E. S. Casey, Trans.).

Evanston, US: Northwestern University Press. (Original work published 1953).

Dura, M. T. (2006). The Phenomenology of the Music-listening Experience. *Arts Education Policy Review*, 107 (3), pp. 25 – 32.

Fredrickson, W. E. (1997). Social Influence and Effects on Student Perception and Participation in Music. *Update: Applications of Research in Music Education*, 15 (2), pp. 29 – 32.

Fung, C. V. (2007). Preservice Music Educators' Personal Preferences for Chinese Orchestral, Traditional, and Popular Pieces in Relation to Familiarity, Perceived Value, and External Preferences. *Bulletin of the Council for Research in Music Education*, 171, pp. 67 – 79.

Greasley, A., Lamont, A. & Sloboda, J. (2013). Exploring Musical Preferences: An In-Depth Qualitative Study of Adults' Liking for Music in Their Personal Collections. *Qualitative Research in Psychology*, 10 (4), pp. 402 – 427.

Greer, R. D., Dorow, L. & Hanser, S. (1973). Music Discrimination Training and the Music Selection Behavior of Nursery and Primary Level Children. *Bulletin of the Council for Research in Music Education* (35), pp. 30 – 43.

Haas, K. (1984). *Inside Music: How to Understand, Listen to, and Enjoy Good Music.* New York, US: Doubleday.

Hargreaves, D. J. (1986). *The Developmental Psychology of Music.* Cambridge, UK: Cambridge University Press.

Hargreaves, D. J., Miell, D. E. & MacDonald, R. A. R. (2005). How do People Communicate Using Music? In Miell, D. E., MacDonald, R. A. R. & Hargreaves, D. J. (Eds.), *Musical Communication.* Oxford, UK: Oxford University Press.

Hays, T. & Minichiello, V. (2005). The Meaning of Music in the Lives of Older People: A Qualitative Study. *Psychology of Music*, 33 (4), pp. 437 – 451.

Ihde, D. (1976). *Listening and Voice: A Phenomenology of Sound.* Athens, GR: Ohio University Press.

Jourdain, R. (1997). *Music, the Brain and Ecstasy: How Music Captures our Imagination.* New York, US: William Morrow.

Juslin, P. & Sloboda, J. (2001). Music and Emotion: Introduction. In Juslin, P. & Sloboda, J. (Eds.) *Music and Emotion.* Oxford, UK: Oxford University Press, pp. 3 – 20.

Kamenetsky, S. B., Hill, D. S. & Trehub, S. E. (1997). Effect of Tempo and Dynamics on the Perception of Emotion in Music. *Psychology of Music*, 25 (2), pp. 149 – 160.

Keston, M. J. & Pinto, I. M. (1955). Possible Factors Influencing Musical Preference. *Journal of Genetic Psychology*, 86 (1), pp. 101 – 113.

Krueger, J. W. (2011). Doing Things with Music. *Phenomenology and the Cognitive Sciences*, 10 (1), pp. 1 – 22.

Laiho, S. (2004). The Psychological Functions of Music in Adolescence. *Nordic Journal of Music Therapy*, 13 (1), pp. 47 – 63.

LeBlanc, A. (1981). Effects of Style, Tempo, and Performing Medium on Children's Music Preference. *Journal of Research in Music Education* (29), pp. 143 – 156.

Leblanc, A. (1982). An Interactive Theory of Music Preference. *Journal of Music Therapy*, 19 (1), pp. 28 – 45.

McDermott, J. H., Schultz, A. F., Undurraga, E. A. & Godoy, R. A. (2016). Indifference to Dissonance in Native Amazonians Reveals Cultural Variation in Music Perception. *Nature*, 535 (7613), pp. 547 – 550.

Neugebauer, L. & Aldridge, D. (1998). Communication, Heart Rate and the Musical Dialogue. *British Journal of Music Therapy*, 12 (2), pp. 46 – 52.

North, A. C. & Hargreaves, D. J. (1999). Music and Adolescent Identity. *Music Education Research*, 1 (1), pp. 75 – 92.

Ok, Ü. & Erdal, B. (2015). Religious and Demographic Indicators of Music Preference in a Turkish Sample. *Musicae Scientiae*, 19 (1), pp. 23 – 43.

Ortiz, J. (1997). *The Tao of Music: Using Music to Change Your Life.* Dublin, IL: Colour Books.

Pettijohn, T. F., Williams, G. M. & Carter, T. C. (2010). Music for the Seasons: Seasonal Music Preferences in College Students. *Current Psychology* (29), pp. 328 – 345.

Reimer, B. (1989). *A Philosophy of Music Education.* New Jersey, US: Prentice Hall.

Rentfrow, P. J. & Gosling, S. D. (2003). The Do Re Mi's of Everyday Life: The Structure and Personality Correlates of Music Preferences. *Journal of Personality and Social Psychology* (84), pp. 1236 – 1256.

Rentfrow, P. J. & Gosling, S. D. (2006). Message in a Ballad: The Role of Music Preferences in Interpersonal Perception. *Psychological Science* (17), pp. 236 – 242.

Rund, E. (1997). Music and Identity. *Nordisk Tidsskrift for Musikkterapi*, 6 (1), pp. 3 – 13.

Saarikallio, S. & Erkkilä, J. (2007). The Role of Music in Adolescents' Mood Regulation. *Psychology of Music*, 35 (1), pp. 88 – 109.

Scarantino, B. (1987). *Music Power: Creative Living through the Joys of Music.* New York, US: Dodd, Mead.

Schäfer, T. & Sedlmeier, P. (2009). From the Functions of Music to Music Preference. *Psychology of Music*, 37 (3), pp. 279 – 300.

Smith, F. J. (1979). *The Experiencing of Musical Sound: Prelude to a Phenomenology of Music.* New York, US: Gordon and Breach.

Tarrant, M., North, A. C. & Hargreaves, D. J. (2002). Youth Identity and Music. In MacDonald, R., Hargreaves, D. J. & Miell, D. (Eds.), *Musical Identities.* Oxford, UK: Oxford University Press, pp. 134 – 150.

Ter Bogt, T. F. M., Delsing, M. J. M. H., Van Z. M., Christenson, P. G. & Meeus, W. H. J. (2011). Intergenerational Continuity of Taste: Parental and Adolescent Music Preferences. *Social Forces*, 90 (1), pp. 297 – 319.

Walker, E. L. (1980). *Psychological Complexity and Preference: A Hedgehog Theory of Behavior.* New York, US: Brooks/Cole.

Williams, M. (2017). Preference for Popular and World Music: A Review of Literature. *Update: Applications of Research in Music Education*, 35 (3), pp. 31 – 37.

Williams, M. (2018). The Influence of Genre and Musical Training on Ratings of Listener

Enjoyment. *Bulletin of the Council for Research in Music Education* (217), pp. 67 – 83.

Winter, M. , Paskin, S. & Baker, T. (1994). Music Reduces Stress and Anxiety of Patients in the Surgical Holding Area. *Journal of Post Anaesthesia Nursing*, 9 (6), pp. 340 – 343.

Wiskus, J. (2013). The Rhythm of Thought Art Literature and Music after Merleau-Ponty. Chicago, US: The University of Chicago Press.

A Grounded Theory Research on Music Function and Preference Mechanism of College Students

Yan Yu-hui, Yang Li-ping

(The school of Psychology, Nanjing normal University, Nanjing, 210097)

/ Abstract /

This research focused on the issue of music function and preference generation. Five college students were selected as interviewees, after data collection, grounded theory was used for analysis. It was found that music, as a functional and meaningful context of individual life, can affect listeners' emotions and support his self-construction and identity. Listeners are influenced by rhythm and story of music at both cognitive and non-cognitive levels, their music preferences changed significantly with their life situation. Music behaviors usually plays three functions in life: support, defense and game. The effect of function exercise determines listeners' music preference.

/ Keywords /

Musical function, Preference change, Daily life, Grounded theory

最美不过夕阳红：成功老化的质性研究*

常保瑞**

（广西师范大学教育学部，桂林，541004）

/ 摘　要 /

文章采用半结构式个别访谈来收集资料，对文本资料进行主题分析，以探讨老人成功老化的经验以及影响成功老化的因素。结果表明，影响老年人成功老化的因素有五个层面：（1）家庭和睦，子女孝顺；（2）老有所为，老有所乐；（3）乐观助人，相处和谐；（4）理性生活，直面死亡；（5）活到老，学到老。在中国文化背景下，成功老化可以实现，这依赖于家庭、自我和社会等诸多方面的共同努力。

/ 关键词 /

老年群体，成功老化，质性研究

---

* 项目来源：2019年广西师范大学校级科研项目（人文社会科学类）（基金编号：2019BQ19）和2019年度广西师范大学教育教学改革立项项目一般项目A类（基金编号：2019JGA09）

** 通讯作者：常保瑞，副教授，博士，硕士生导师，E-mail：490393043@qq. com

一、前言

随着人口老龄化进程加剧，十九大报告提出“积极应对人口老龄化，构建养老、孝老、敬老政策体系和社会环境”的构想。开发老年人力资源，实现成功老化是解决该问题的重要举措。据统计，发达国家成功老化普及率为35%，发展中国家仅占14%；此外，西方学界多次出版专刊专题研讨，而我国相关研究尚处于起步阶段。加强成功老化研究，关系到全面建成小康社会和社会团结稳定，具有重要战略意义。

（一）成功老化概念演变

哈维格斯特（Havighurs）于1961年提出成功老化（successful aging）概念，指个体所能达成最为满意和幸福的状态，是“为岁月增添生命”的关键性策略。随后，罗（Rowe）和卡恩（Kahn）在1987年开启成功老化实证研究之先河，提出著名的麦克阿瑟模式（MacArthur model），自此老龄化研究实现了从疾病和衰减向健康和成长的范式转变。2015年，罗和卡恩再次提出成功老化2.0模式，将其概念从个体层面上升至社会层面。此后，大量理论与实证研究试图解释成功老化之内涵与达成之路径。（Pruchno & Carr，2017）近期刘雪萍等人（2018）从中国文化视角提出四维度成功老化模型：生理健康、心理功能、社会参与和生活满意度。穆光宗（2015）指出成功老化兴起于“积极老龄化”的实践，迄今为止是概括最全面的老龄化应对战略。

（二）成功老化的影响因素研究

1. 人口学变量和早期经历影响成功老化

研究发现，男性、白种人、已婚、年龄相对较小、受教育水平较高、中年期社会经济地位较高的老年人更可能成功老化（Britton et al.，2008），杜鹏等（2003）对北京老年人研究也发现类似结论。斯托和库尼（Stowe & Cooney，2014）认为应从生命全程视角看待成功老化，如早期经历（Brandt，Deindl & Hank，2012）、不良生活习惯和不良童年生活环境（Pruchno & Carr，2010）会降低成功老化的可能性。

2. 社会互动和社会参与影响成功老化

研究发现，获得越多社会支持（Parslow，Lewis & Nay，2011）和工作支持（Britton et al.，2008）、同家人朋友住一起（Cheung & Lau，2015）的老年人越可能成功老化。相反，在参与社会活动时遇到障碍，会给老化带来负面影响（Cheung & Lau，2015）；另外，林奇香（2013）对台湾65岁以上高龄者研究发现，只要参与念佛活动，不论念佛时间多久都可达到成功老化之效果；研究还发现高龄女性参与志愿服务，更容易成功老化（郑碧强，2010）；盖斯柔克（Gasiorek et al.，2015）发现，面对老化，“参与”的个体比“脱离”的个体，报告积极情绪更多，在成功老化体验上也更好。

3. 成功老化的作用机制研究

成功老化作用机制研究较为少见。蒋怀滨等人（2015）发现老年人控制感对成功老化有直接影响，且通过心理弹性的部分中介作用实现；张斌等（2016）研究发现，感恩在老年人生命意义与成功老化中起中介作用；最近扈娜和刘堃（2018）针对社区老年人研究发现，抑郁情绪可直接影响成功老化，还可通过自我感知老化的中介作用间接影响之。

综上，学界对成功老化的研究存在“三重三轻”问题：（1）着重描述成功老化概念演变及其人口学变量对其影响，轻于探讨成功老化个体层面的影响因素；（2）着重以北美研究及以美国白人为研究对象，缺乏生活在本土文化中的老年人视角阐释成功老化；（3）着重采取客观量化测量方式，缺乏对老年人主观体验的质性研究，这也凸显了以往研究和评估方式的单一性问题。鉴于此，本研究拟在借鉴以往研究成果的基础上，立足中国文化背景，使用质性研究方法聚焦影响成功老化的因素这一现实问题。

二、研究方法

（一）访谈对象

本研究采用方便取样。访谈对象需要符合以下三个条件：（1）年龄在65岁以上（含65岁）；（2）能以普通话或桂林话沟通、表达其经验；（3）同意参与研究，并接受至少一个小时的录音访谈。访谈对象编号为A到K，A－F－68代表编号A、女性、68岁。

研究者自2015年7月至2015年8月初共访谈9位老年男女群体；8月底再访两位个案，确认资料已达饱和，共访谈11位（年龄范围为67—82岁）；本科以上学历的老人有6位，中学学历有5位；皆是退休身份；经济状况6位皆由退休金支持，2位老人是子女提供及其他来源，另外3位老人除了退休金之外还额外创造其他收入；在健康状况方面，有9位老人无现在及过去病史。具体资料见表一。

表一　访谈对象基本资料

编号	个案	性别	年龄	教育程度	退休前职业	婚姻状况	健康状况	经济情况
A	付阿姨	女	78	中师	教师	丧偶	尚好	2500元
B	向教授	男	80	大学本科	党校副教授	已婚	尚好	3700元
C	罗老师	女	75	大学本科	高中英语教师，后调外事局工作	已婚	无病史	4500元
D	张校长	男	82	大学本科	中学校长	已婚	无病史	4500元
E	覃阿姨	女	67	初中	柜台售货员	已婚	无病史	1700元
F	汪先生	男	64	高中	工厂职工	已婚	无病史	2500元
G	雷老师	男	70	大学本科	图书馆馆员	已婚	无病史	4600元
H	周阿姨	女	67	初中	工厂女工	已婚	无病史	2000元
I	苏老师	男	68	大学本科	高中教师	已婚	无病史	4000元
J	唐先生	男	69	高中	工会干事	已婚	无病史	3500元
K	杨先生	男	67	大学本科	供电局工程师	已婚	无病史	5000元

（二）研究设计与程序

本研究采用质性研究法，以半结构式访谈进行互动收集资料，探讨老年人怎样实现成功老化，感知与诠释此经验所带来的含义。研究者不做任何预测及评判，经过不断与访谈对象互动，以及对转录后的文本资料反复思考，不做任何增减、修改，以描述影响成功老化因素。因为目前对国内成功老化的经验所知甚少，通过此方法，成功老化的经验可能被真实完整地呈现出来。

本研究资料收集的方式是以一对一个别访谈，在正式收案之前，向访谈对象解释研究内容，借由研究说明书说明研究目的以及访谈时间。遵守“不伤害原则”，妥善处理与保管资料以及使用代号匿名，遵守保密原则。访谈过程中依自主原则，访谈对象可随时提出意见或拒绝回答任何问题，也可以毫无理由地退出研究。如遇访谈对象因录音行为感到不愉快而要求取消录音时，则立即表示尊重，停止录音，并改采口头描述重点摘记方式。访谈地点则由访谈对象选择指定。经与访谈对象多次协商，强调匿名等前期工作，所有访谈对象均答应可以录音。

最后的研究结果由访谈对象检视，以确认正确呈现他们经验的要素。研究结果要由一位非本研究访谈对象阅读，以确定本结果能应用到有类似经验的个案。所有的访谈对象在访谈中，都被询问相同的问题，研究者不会解释或问其他的问题，以确保访谈过程的一致性。研究者谨守资料分析的准则，并不断内省自己是否对资料有任何成见或误解，以确保研究者的中立。

（三）研究步骤

收集资料前先向个案解释本研究的目的及进行步骤。口头征得访谈对象同意后，让其填写知情同意书或找人代替，然后开始进行一对一、面对面、互动式深度访谈并录音。研究者询问访谈对象的基本资料（年龄、婚姻状况、籍贯、教育程度等）作为访谈开始，接着询问“请您描述成功老化的经验”，使用通俗语言对不理解该概念的访谈对象进行解释，并让他/她重复以此确保理解概念，并于访谈过程中引导访谈对象“请您就这部分做更多的描述”，最后询问“有没有什么要补充的，或是您认为我应该要知道的?”作为访谈的结束。需要事先做好基本信息表、知情同意书和访谈提纲。

会谈地点在访谈对象家中或公园。每位访谈对象访谈时间每次约为一小时，访谈次数则视访谈对象所述内容是否充盈，以及澄清资料内容而增加访谈次数。

三、研究结果

访谈对象的成功老化经验可以归纳为以下五个因素：

（一）家庭和睦，子女孝顺有出息

1. 子女孝顺

法国马克思主义理论家保尔·拉法格说：“人老受尊敬是出现在人类社会里的第一种特权”。（转引自王丽郦，2004）集体主义文化背景下的中国，自古就强调“以孝治国”，孝是中华民族的传统美德，子女孝顺对老人来说是莫大的精神慰籍。

“儿子经常说要给我钱花，我说不需要，以后要是有什么大的（开支）事情，我再跟他们要，这也是孩子们的一片心意，孩子们都挺孝顺的，大孙子是我一手带大的，现在在南宁上班，刚刚26岁已经是单位的高管了，工资高，已经买了房子，说让我去住，我是不习惯到陌生地方，就说人老了不想动了；孙女呢，学习也很好，刚中考结束，成绩6个A，桂林的几个好高中都想要她，她还在选择中，不仅学习好，而且还打的一手好乒乓球，这几天正在集训要参加比赛呢，既学习好又有一门特长这可是不多见呢。”（A－F－78）访谈者谈到自己的子女和孙子辈时脸上洋溢着幸福的表情。

“孩子们都很孝顺的，前几天老太太过73岁生日，女儿们非得要在酒店里办寿辰，好花钱的，饭菜也做得不好吃，还不如在家里吃的舒服呢，她妈妈一直抱怨，我说你就不要抱怨了，这也是孩子们的一片心意。”（B－M－80）说完访谈者看了一眼老伴，老伴也说，“我知道这是他们的心意，只是觉得太浪费了，没有必要嘛。”

“我因为是内退，工资很低的，每个月只有1700元啦，但三个女儿每月给的零花钱比我的退休工资都高很多，她们还支持我和老伴出国旅游，这不，前一段时间刚从迪拜回来，下个月准备欧洲十日游呢，下个月18日就到了意大利的米兰了。”（E－F－67）因为腰椎间盘突出而提前退休的访谈者此时脸上荡漾着幸福的笑容。

“其为人也孝悌，而好犯上者鲜矣!”（《论语·学而》）从构建和谐社会、促进成功老化来看，我们要继承和弘扬“孝文化”，这有助于老年人实现成功老化。

2. 子女有出息

根据互依型自我建构理论，与自我相联系的重要他人在自我概念中占有重要地位，子女与父母是互依共存的关系，所谓“母凭子贵”，子女有出息，父母感觉脸上有光。

“我家有三个儿子，老大老二都是研究生毕业，老大已经是一家医院的主任了，儿媳妇也在大学教书，教英语；老二在成都做房地产生意，他媳妇也在做老师，他们发展得都挺好的。”（K－M－67）

“儿子在市政府当公务员，儿媳是河南人，研究生毕业后留在桂林旅专工作，哦，那学校已经升了本科，儿媳去年刚评了副教授，还不到40岁呢，她很上进的。”（I－M－68）访谈者很满意儿子儿媳的工作，觉得子女有出息，不啃老。

80或90年代家里有一个大学生，尤其是有一个能到国外留学的大学生是很自豪的事情，会被很多人羡慕。而一旦自己年迈，失去自理能力，这些有在外地工作或国外工作的独生子女的老人，反过来会羡慕那些子女在身边的老人。

> 保姆管吃管住，工资3000元，已经占据了我和老伴工资总和的一半，还没有文化，护理也不专业，经常生保姆的气。独生女儿在北京，虽说也时常打电话，外孙子也给买老人手机，但远水解不了近渴呀！女儿常年不在身边，老伴又是老年痴呆，保姆也没文化，没法交流，情感上特别孤独，很多时候觉得活着没意思。（D－M－82）

听了访谈者的话，也能够理解那些子女不在身边，老人长期与保姆相伴，情感上感到孤独，最后与保姆结婚，把家产送给与之结婚的保姆的行为，这不是说这些老人“老牛吃嫩草”“花心”，而是晚年情感缺失的老人，尤其害怕孤独，谁能照顾他，与他相伴，他就会对谁特别好。所谓的子女有出息，在老人看来多指子女有一份体面的公职，能经常来看看老人。但若子女发展得特别好，不在身边的话还是会影响老年的幸福生活。从这个角度来说，《论语》里的“父母在，不远游”有一定道理。

（二）老有所为，老有所乐

1. 老有所为

根据埃里克森的毕生发展观理论，在晚年生活中有三个矛盾需要解决（转引自鲍晓云、缪鲁加、谭娟晖，2015），其中之一是自我分化与过分关注工作角色的矛盾，许多职场男性通过工作建立自己的地位和自我概念，专业人士可能仅仅因为他们有一个社会赞许的职业而发展出高自尊。而退休后地位随着职业消失了，因此退休后必须要找到自身的一些东西，让他们显得独特，或与以前职位所带来的自尊相配。

“我能帮儿子们炒股赚钱，大儿子有三套房，卖了两套来炒股，原来挣了三百多万，现在赔了二百多万，还剩下一百多万。我对大儿子他们说：你是医院主任，要开个好一点的车吧，穿的也要名牌吧，儿媳妇也是，大学教师穿得太寒碜也不行吧，光靠那点工资怎么行呢？二儿媳在中学，因为奖金的事还去找校长理论，我说这点钱根本没必要的嘛，现在他们都放心让我帮他们炒股，都很服气。我现在游完泳去街上吃碗桂林米粉，回去看股票，家里有两台电脑，五个账户来炒股。”（K－M－67）访谈者杨先生退休前在南方电网工作，因为工作原因，他对数字特别敏感，退休后就开始炒股，赚了一笔钱，现在还在帮儿子们炒股赚钱，感觉自我特别有价值。杨先生身上真正实现了老有所为，活得有价值有尊严。

2. 老有所乐

心理学常识认为，当人们对某件事感兴趣的时候，往往会不由自主地花更多的时间更大的精力在这件事上，在这个过程中产生的往往是欣喜、快乐和满意等积极的情绪，而这些积极情绪对老年人的晚年生活是至关重要的。

“我特别喜欢小动物，饲养宠物给我自己带来很多乐趣”，“我每天下午都会弹琴一个小时，早上拿着收音机听音乐，别人看到后觉得我这个老太太很会享受生活，我也乐在其中。”（A－F－78）访谈者退休后养宠物，弹电子琴成了每日的必修课。

78 岁的杜老师特别喜欢收集材料：

“我每天都要看看报纸，把其中关于养生的内容剪切下来，长期以来就积攒成册了，很多认识的老人经常来跟我探讨如何养生，能够帮助他们解答，我自己也觉得很开心”。

“我每天主要的兴趣就是游泳，已经游了30多年了，以前是坚持冬泳的，现在身体不行了，只在夏天游，就在边上游，一般不过对岸的，我觉得游泳自由自在，不受场地、气候影响啦，一个人就行，我也不喜欢玩麻将，怕吵，也不喜欢旅游，年轻时做翻译工作经常出国的。”（C－F－75）访谈者原来在高中教授英语，因为工作出色后来调到外贸局工作直至退休。

“已经游了十几年了，刚退休时很不适应，无所事事，过了半年时间才适应过来了，自己想必须有个事情干吧，就选择了游泳，之前也是很喜欢的，现在要是哪天因为有什么事情没有游泳，就感觉浑身不舒服。无论刮风下雨也要来游，当然，打雷时候还是不要来，危险。”（I－M－68）访谈者自从退休后就把原先喜欢的游泳爱好重新坚持了下来。

“我们这个年龄子女都很大了，孙子都十几岁了，每天的主要事情就是演出，唱歌，从小就喜欢的。”（J－M－69）退休之前在铁路工会工作，从小就特别喜欢唱歌的唐先生，今年69岁了，自从退休后就一直在到处唱歌演出，主持老年演出节目。他个头不高，但精神气十足，声音洪亮，步履矫健。

“听课是我最喜欢的活动，已经听了10年了，感觉受益匪浅。”（G－M－70）访谈者退休后一直把听课当作晚年生活的主旋律，且乐在其中，不知老之将至。

这些老人在退休后找到自己生活的乐趣，最终实现成功老化。选择那些对自己的幸福感最重要的活动和能力，参与这些活动，着力维护这些能力；找到有助于提升自己的能力，并发现促使能力最优化的策略；设法用自己的优势来弥补其他能力的下降，有助于实现成功老化。

(三) 乐观助人，相处和谐

1. 多做善事多助人

访谈过程中我专门问了访谈对象的宗教信仰，被访谈的老人都说没什么宗教信仰，值得一提的是他们内心深处还是一心向善，遵循佛家的“慈悲心肠”。在访谈对象中向教授是最健谈的，也是很和善的一位老人。向老师如是说，“当初单位分房子，只剩下一层和二层了，你们知道南方雨水多，有梅雨季节啦，低层的房子会潮湿，东西也会发霉呀，大家都不愿要底层，本来我的分数要高于一位同事，但我让他先选，结果他选了二楼，我只好住第一层了，结果呢，后来道路拓宽，我的一层楼房变成三间门面房了，现在三女儿和女婿在经营，效益还挺好的呢，所以我说多做善事肯定会有福报的，这就是‘有德者必有得’。”（B－M－80）说完向老师也跟着我们哈哈大笑起来，再次强调是“得到”的“得”。

“我每次见到文昌桥头卖花生的老太太，觉得她很不容易，生活太艰辛了，四个儿子都不孝顺，不仅不给她养老费，还把她辛苦所得的一点微薄收入给拿走了，真的太可怜了，不管她卖的花生霉不霉，我都要买的，算是间接帮助她吧，不管怎么样我们还是要做好事的，就当是为了心安，做到问心无愧吧。”（A－F－78）关于做善事，弹琴的付阿姨也对此说法深有感悟。

“帮助别人是我最大的快乐”“志愿者是一辈子的事情”（B－M－80）向老师常常揣着一颗善良仁爱之心去资助贫困学生和为困难群众争取到廉租房，遇到地震水灾需要捐款，他都会慷慨解囊。他随身携带“治安巡逻员”“卫生环保监督员”等臂章，随时准备抓小偷，时刻关注环境卫生和保护人民财产安全。他决心把当志愿者作为自己可以干一辈子的事业。

2. 情绪稳定，和谐相处

社会认知研究者指出：随着年龄增长，因为意识到生命有限，老年人不再将知识获取、在竞争中取胜作为优先的追求，转而追求情感上的满足，从而获得情绪的稳定性。

“我这一辈子几乎从来没有跟同事红过脸，那次评职称，我让一位同事先上，结果是他的条件达不到才把我推上去，这个事情他是知道的，所以每次见到我还都很感谢的，去年还送了我一包茶叶。跟别人关系处好了，自己心里开心别人也高兴呐，何必因为一点小事弄得不愉快呢，何必呢，你看我的身体，30 多年前我是因为身体原因病退的，但现在身体还很好啊，我觉得心态好是关键。”（B－M－80）

遇事不计较得失，看得开，人身就像一个瓶子，空瓶里装的是善良、温和、宽容，你就会开心地生活，如果装的是嫉妒、猜疑的话，生活品质就会大打折扣。

（四）理性生活，直面死亡

1. 理性决策，不贪小便宜

老年人感觉系统功能的消退，并不必然伴随着高级心理功能（如智力）等方面的衰退。实现成功老化的老人生活理性，不贪小便宜，能很好应对与处理日常生活中的那些诈骗电话。

经常打电话说，你中什么奖中什么奖，中七八万元的小轿车，很快就到期了，要先交税，我说全部送给你们了，我不要了，免得你打电话来，全部送给你了。呵呵，不可能天上掉馅饼。你看，你什么奖都没买怎么可能中奖？有点脑子都会想到的，只要不贪小便宜就不会上当。真是的，哪可能？你又没有买。有一次，我说那行吧，你把那个需要交什么钱你就交多少，剩下的你扣掉后全部给我寄过来了，剩

多剩少没关系的。呵呵，后来就很少来电话，不可能天上掉馅饼的。(A－F－78)

前几日看到新闻，说一个老头因为公交车上没人给他让座就大打出手，这是为老不尊嘛，人家给你让座，是做好事，不让也没犯法，干嘛打人家呀，真是的。(A－F－78)

2. 直面死亡

埃里克森的社会心理发展理论认为老年期需要解决的矛盾冲突是完满感对绝望感。老年期适应性解决危机的关键在于能够承认死亡将要临近，并且以满意的心情看待自己一生，这样可以使他带着尊严面对衰老和死亡。

死亡是不可避免的，我早已经给女儿们交代过了，但她们总是不让我说，害怕晦气，我是唯物论者，根本不相信这一套，家产怎么分配，老伴跟谁一起生活，都安排好了，假如我哪天大限真的到了，我就可以放心地走了嘛，我病退都20多年了，能活到现在已经是赚了呢，呵呵。(B－M－80)

老伴五年前去世了，得的是癌症，你看，这就是他的遗像，我每天都擦一遍镜框，现在孩子们生活都挺好的，我也挺知足，等哪一天我走了，死了，就可以陪着老伴了，生老病死这是自然规律，这个事情不是你不谈就能回避的。(A－F－78)

从上可知，这些能够实现成功老化的老人并不避讳谈论死亡的问题，认为死亡是自然规律，可以坦然面对终极时刻的到来。

（五）活到老，学到老

心理学研究表明，晶体智力基本不随年龄衰退，它以知识为基础，在人生的任何阶段都能学习新的知识，老年人在一生中通过学习和经历，积累了越来越多的知识储备。

> 我喜欢听课，听了很多，还去过杭州浙江大学听。关于美学的，几个主要老师的课我都听。你比方说我在杭州待了一年，几个主要老师的课都听。我听，你们也许平常都看到的，我的听课笔记你都看见了，我的笔记现在粗得不能太粗了，只要有个大概印象就可以了，现在我的听课笔记已经记到第 10 本了。我觉得听一些质量高的课是我晚年生活的主要活动，这样我的思维一直是很活跃的，接受一些新的东西对预防老年痴呆很好的。有些课一开始我并不喜欢，只是没听过，你比方说有个老师的课，我听了头一次课感觉还不错，主要是佛教心理学、中医与健康等，我挺受益的，就坚持听了一个学期。（G – M – 70）

从武汉大学图书馆退休的雷老师已经坚持有选择地听了 10 年的课，一旦他选择了听某位老师的课就会全程听下来，不迟到不早退，比修课的学生还要认真。

80 岁的向老师特别爱学习，每天都读书看报关心国内外大事，也经常到各个大学自费参加学术活动或去做讲座。

四、讨论与建议

本研究访谈的 11 位老人中，大都文化程度比较高，有专业技能，固定的退休金，多数人老伴依然健在，不用担心生病等开销。

研究表明“家庭和睦，子女孝顺”跟实现成功老化密切相关。和睦的家庭气氛是融洽的，可以让老人心里更加舒畅，在享受亲情温暖的同时，把注意力集中在自己感兴趣的事情上，提升自我效能感。根据费孝通的“差序格局”理论，在同心圆中，子女与父母的关系是最近的、互为一体的，他们是互依型的关系，“一荣俱荣，一损俱损”。子女的成长和发展既是父母生命延续，也是满足自我成长的一部分，子女孝顺有出息的老人自我感觉更好，更容易实现成功老化，这与李（Lee，2009）对香港独居老人谈及自己对成功老化看法时更强调子女孝顺是一致的，针对新加坡老年人成功老化的一项研究，即把家庭主义（familism）视为成功老化的重要组成部分（Feng & Straughan，2017），也得到类似的结果。社会文明发展到今天，孝文化与家庭养老都受到国际社会的关注。

本研究发现“老有所为，老有所乐”是成功老化者的典型特征。老年阶段身体机能衰退和退休后工作价值的被忽略导致了老年人的迟暮感和自尊降低。如果老人预测到某一特定行为将会导致特定的结果，那么这一行为就可能被激活和被选择，提升自我效能感。有所为有所乐的生活可以让老人加强对生活的控制，提升自我效能感，提高生命的价值和尊严，许（Hsu，2007）对台湾老人成功老化进行调查结果提供了相应的证据。

研究发现“乐观助人，相处和谐”的老人更容易成功老化。人际关系对于人的成长和发展具有重要的意义，它除了提供信息、归属感、社会化、温暖等价值之外，在面临负性生活事件的时候，还是重要的社会资源，可以增强当事人的心里弹性，有助于战胜困难。根据社会情绪选择理论，老年人社交网络缩小，但其与家庭成员及亲密朋友的社会交往基本保持稳定（Wrzus，Hanel，Wagner & Neyer，2013），也更在意与这些重要他人建立联系（English & Carstensen，2014）。

传统认为讨论死亡是一大禁忌，事实上，老人比年轻人常想到死亡，但对死亡的焦虑和恐惧比年轻人少。（刘小凤，2017）本研究也得出了类似的结论，这些基本实现成功老化的老人并不避讳谈论死亡，并视死亡为人生必经之路，生老病死是一种自然规律，说自己早晚也得走那一条路；了解到生与死是自然现象，因而能够坦然地面对死亡话题，这与托恩斯戴姆（Tornstam，2005）的研究结果是一致的。根据哈维格斯特（Havighurst，1961）的发展任务理论，每个人在每个阶段有其特定的天职或使命，这些使命的完成可以增进个体的快乐和成功感。老人的发展任务包括对身体退化的调试、退休及收入减少的调试，对死亡的调试、对社会角色的调试，最终实现成功老化。

在跟老年人接触的时候，会发现他们说话多重复，很容易回忆起过往的荣耀的事情，这是他们借由回顾过去的成就，肯定自己过去的努力及存在的价值，给他们带来心理上的满足。研究人员应该耐心倾听，这样才可以获得他们的信任。

本研究作为初步的探索，只是访谈了那些有一定文化水平，有退休工资保障生活，身体还很康健，能从事像游泳这样深度休闲的运动的老人，样本和方法有局限性，未来的研究会对其他群体老人进行深入访谈，使用交错性范式来阐述成功老化的文化特质，并探讨影响成功老化的心理机制。

参考文献

刘雪萍，陈子卓，黄文，彭华茂（2018）. 成功老化内涵及影响因素分析 . 心理发展与教育，34（2），249—256.

穆光宗（2015）. 成功老龄化：中国老龄治理的战略构想 . 国家行政学院学报（3），55—61.

杜鹏，［澳］加里・安德鲁斯（2003）成功老龄化研究——以北京老年人为例 . 人口研究，27（3），4—11.

林奇香（2013）. 念佛活动对高龄者成功老化影响之探究——以雪心文教基金会为例（硕士学位论文）. 南开科技大学，南投.

冯林（2009）. 积极心理学 . 郑州：九州出版社.

王丽郦（2004）. 关于中西家庭养老的比较思考 . 西北人口（6），20—23.

鲍晓云，缪鲁加，谭娟晖（2015）. 人文关怀在社会养老服务体系中的积极作用 . 理论观察（2），60—61.

刘小凤（2017）. 老年人生命质量和死亡焦虑的关系及应对方式的研究——特质焦虑型人格的中介效应（博士学位论文）. 四川师范大学，成都.

扈娜，刘堃（2018）. 自我感知老化对社区老年人抑郁情绪与成功老化的中介效应 . 护理学杂志，3（17），85—88.

蒋怀滨，张斌，杨晓涵，林丽红，陈艳梅（2015）. 老年人控制感、心理弹性与成功老化的关系 . 中国老年学杂志，35（12），3397—3399.

张斌，蒋怀滨，张银华，叶瑞珠（2015）. 感恩在老年人生命意义与成功老化中的中介作用 . 南京中医药大学学报（社会科学版），16（02），125—128.

郑碧强（2010）. 离退休老年人参与志愿服务与成功老龄化之质性研究 . 内蒙古农业大学学报（社会科学版），12（02），283—286、353.

Brandt，M.，Deindl，C. & Hank，K.（2012）. Tracing the Origins of Successful Aging：The Role of Childhood Conditions and Social Inequality in Explaining Later Life Health. *Social Science and Medicine*，74（9），pp. 1418 – 1425.

Britton, A., Shipley, M., Singh-Manoux, A. & Marmot, M. G. (2008). Successful Aging: The Contribution of Early-life and Midlife Risk Factors. *Journal of the American Geriatrics Society*, 56 (6), pp. 1098 – 1105.

Cheung, K. S. & Lau, B. H. (2015). Successful Aging among Chinese Near-centenarians and Centenarians in Hong Kong: A Multidimensional and Interdisciplinary Approach. *Aging and Mental Health*, 20 (12), pp. 1314 – 1326.

English, T. & Carstensen, L. L. (2014). Selective Narrowing of Social Networks Across Adulthood is Associated with Improved Emotional Experience in Daily Life. *International Journal of Behavioral Development*, 38 (2), pp. 195 – 202.

Feng, Q. & Straughan, P. (2017). What does Successful Aging Mean? Lay Perception of Successful Aging among Singapore Elderly. *Journals of Gerontology*, 72 (2), pp. 204 – 213.

Fereday, J. & E. Muir-Cochrane. (2006). Demonstrating Rigor Using Thematic Analysis: A Hybrid Approach of Inductive and Deductive Coding and Theme Development. *International Journal of Qualitative Methods*, 5 (1), pp. 80 – 92.

Gasiorek, J., Fowler, C. & Giles, H. (2015). What does Successful Aging Sound Like? Profiling Communication about Aging. *Human Communication Research*, 41 (4), pp. 577 – 602.

Havighurst, R. J. (1961). Successful Aging. *The Gerontologist* (1), pp. 8 – 13.

Hsu, H. C. (2007). Exploring Elderly People's Perspectives on Successful Aging in Taiwan. *Aging and Society*, 27, pp. 87 – 102.

Lee, J. J. (2009). A Pilot Study on the Living-alone, Socio-economically Deprived Older Chinese People's Self-reported Successful Aging: A Case of Hongkong, *Applied Research in Quality of Life* (4), pp. 347 – 363.

Parslow, R. A., Lewis, V. J. & Nay, R. (2011). Successful Aging: Development and Testing of a Multidimensional Model Using Data from a Large Sample of Older Australians. *Journal of the American Geriatrics Society*, 59 (11), pp. 2077 – 2083.

Pruchno, R. A. & Carr, D. (2010). A Two-factor Model of Successful Aging, *The Journals of Gerontology: Psychological Sciences and Social Sciences* (65), pp. 671 – 679.

Pruchno, R. & Carr, D. (2017). Successful Aging 2.0: Resilience and Beyond. *Journal Gerontol Series B: Psychological and Social Sciences*, 72 (2), pp. 201 –203.

Rowe, J. W. & Kahn, R. L. (1987). Human Aging: Usual and Successful. *Science*, 237 (4811), pp. 143 –148.

Rowe, J. W. & R. L. Kahn. (2015). Successful Aging 2.0: Conceptual Expansions for the 21st Century, *The Journals of Gerontology*, *Series B: Psychological Sciences and Social Sciences*, 70 (4), pp. 593 –596.

Stowe, J. D. & Cooney, T. M. (2014). Examining Rowe and Kahn's Concept of Successful Aging: Importance of Taking a Life Course Perspective. *The Gerontologist*, 55 (1), pp. 43 –50.

Wrzus, C., Hanel, M., Wagner, J. & Neyer, F. J. (2013). Social Network Changes and Life Events Across the Life Span: A Meta-analysis. *Psychological Bulletin*, 139 (1), pp. 53 –80.

Red Sunset is Still the Most Beautiful in A Day: A Qualitative Study of Successful Aging

Chang Bao-rui

(Faculty of Education, Guangxi Normal University, Guilin, 541004)

Abstract

To explore the experience of successful aging of the elderly and the factors that affect successful aging, the article used semi-structured individual interviews to collect data and conducted thematic analysis of textual data. The results showed that there were five factors affecting the successful aging of the elderly: (1) They have a harmonious family where sons and daughters are filial. (2) Even if they get older, they can still realize their life value happily. (3) They are optimistic helpers and can get along well with others;

(4) They always live a rational life and can face death without fear; (5) For them, it's never too late to learn. In the context of Chinese culture, successful ageing can be achieved, which depends on the joint efforts of family, self and society.

/ Keywords /

Elderly population, Successful ageing, Qualitative research

历史发展的两条线索——评舒跃育博士的《天命可违——诸葛亮行为决策的心理传记学分析》

周　丹*

（中国社会科学院哲学研究所，北京，100732）

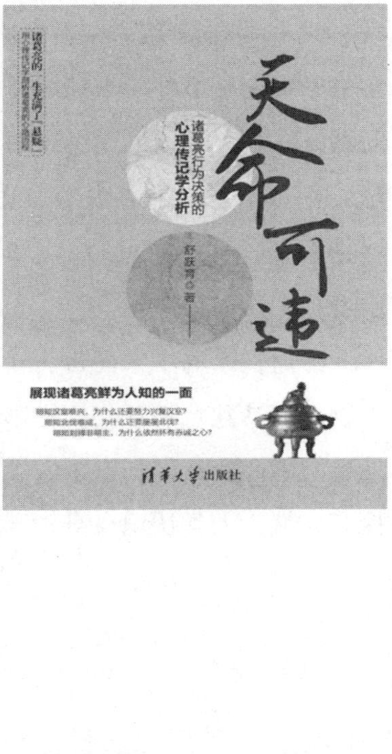

依据历史唯物主义的观点，在历史的进程中，必然性与偶然性总是相互交织，必然之中蕴含着偶然，偶然之中承载着必然。那么，历史的必然与偶然，究竟如何相互结合，相互影响呢？舒跃育博士积十年之功所撰写的《天命可违——诸葛亮行为决策的心理传记学分析》（清华大学出版社，2018 年版）在以严谨史料为分析起点，从跨学科的视角，通过采用心理传记学的分析方法，从个体生命发展的微观人际关系来透视一代贤相诸葛亮重大人生决策背

* 通讯作者：周丹，博士，E-mail: zhoudan12345@126. com

后的心理动机，进而提出透视人类历史发展的两条线索，对历史发展的必然与偶然之间的辩证关系，提出了一种被择的解释。

宏观的学术背景

通过心理学的理论来解释历史人物的行为动机在学术界有着久远的历史。但是，对历史人物的分析，对心理学和史学的发展具有什么意义在学术界却缺乏系统而严肃的讨论，因此，心理学的分析方法在史学界尽管常被采用，但尚未被主流认可。这种难被认可的现状的根源，在于分析方法和研究取向的背后，缺乏对独特方法论的价值的科学定位。《天命可违》一书，从人性“抗天命”的精神出发，在探讨传记与历史的关系、非凡人物传记的意义以及超越文、史的心理传记的基础上，通过系统地回顾心理传记学近百年的发展历史及未来发展趋势后，从解释学特别是叙事学的角度，提出作为非凡人物传记的历史文本，在本质上是对现实心理存在的建构。客观的史实，只有在与读者“相遇”的过程中，才会被建构出新的意义。历史文本是史学家对史料的系统归纳、整理与编排，因此，历史叙事是今天与过去的对话。史料的意义，在于对史料不同角度解读过程中，对人的本来面目的揭示。在这个意义上、史学、文学和心理学，乃至更多的人文社会科学，将最终指向一个共同的目标，即通过人类共有的心理文化产品，来透视人性本身。

然而，人的本来面目，在不同的个体身上有着完全不同的表达机会。非凡人物，以其独特的社会历史影响力，更有机会将常人难以展现的人类潜能展现无遗，因此，他们划定了人性的边界与向度。通过对非凡人物的悬疑性问题的探究，就为人类认识自身，开辟了一条可能的路径。

微观的心理传记分析视角

基于诸葛亮在我国传统中的独特地位与价值，作者认为，诸葛亮是我们透视自身的一面镜子。本书从诸葛亮的两大悬疑性问题“择主”与“北伐”出发，从诸葛亮幼年的重要人际关系、重大生活事件、同一性危机的解决等心理转折点为切入点，完整地回答了，在“北定中原、兴复汉室”的意识层面的人生目标的背后，还有一个潜意识层面的解决幼年安全感缺乏和化解“曹操情结”的个人私人的心理动力。正是个人动机与群体动机的无缝结合，成就了这位千古一相。本书特别通过对诸葛亮第一手文献的分析，重新透视了诸葛亮与刘备父子、与同僚、与魏吴两国的微妙关系，进而深度刻画了诸葛亮潜意识中的个人化动机在驱动重大人生决策中的作用机制。在作者看来，非凡人物，通过将潜意识的个人动机与意识层面的被社会主流意识形态所接受的共同追求相结合，既成就了自己，也改变了历史发展的方向。特别地，作者从心理传记学的视角，重新透视了《出师表》中所潜藏的诸葛亮的个人动机。依据弗洛伊德的观点，潜意识动机无论怎样隐秘，总会在外显行为中露出蛛丝马迹。本书通过对《出师表》的分析表明，诸葛亮通过心理意义上的父子关系取代了现实中的君臣关系，从而以父亲支配孩子的方式，化解了如何让君权让位于相权的难题，从而通过“北伐”这一被建构的“先帝遗愿”为诸葛亮无限期地推迟还政幼主提供了政治上的合法性。

跨学科的方法论意义

历史不会重演，分析诸葛亮的意义何在？在历史发展的必然性和偶然性之间，存在怎样的辩证关系？

作者对历史人物的分析，并没有停留在对个体动机猎奇的层面。最终上升到跨学科领域的方法论的高度，正是本书独特价值的体现。社会存在影响社会意识，社会意识又反作用于社会存在。社会存在作为历史的“外部线索”，表现为影响历史发展方向的政治、经济、文化等外部因素，它往往以伦理、道德、法律和习俗等为准绳，表现为历史发展的必然性因素，代表着社会发展的客观和理性的一面，它不以个人意志为转移。但是，恰如2002年诺贝尔经济学奖获得者卡尼曼所提出的，人的行为并不仅仅是理性的。人类的理性只是一种有限理性。人类的行为，除了受理性因素支配之外，同时还受到情绪、情感、需要、动机等非理性因素的支配。社会的发展，同时也受到集体潜意识中的非理性因素的影响，这就构成了影响历史发展的以人的主观需要为基础的、代表非理性层面的“内部线索”。历史发展，正是这两条线索的相互交织，相互作用，最终呈现为社会发展中必然性与偶然性的辩证关系。

习近平总书记在2016年哲学社会科学工作座谈会上指出：“哲学社会科学创新可大可小，揭示一条规律是创新，提出一种学说是创新，阐明一个道理是创新，创造一种解决问题的办法也是创新。”借助于历史发展的两条线索，《天命可违》一书至少为我们从跨学科的角度理解历史提供了一个新的视角、一个新的方向和一个新的思考维度，从这个意义上讲，本书在心理传记学的意义与定位的探索方面，做出了应有的努力。

《心理传记与质性心理学》征稿启事

《心理传记与质性心理学》(*Psychobiography and Qualitative Psychology*)(原名《生命叙事与心理传记学》)集刊由中国心理学会心理学质性研究专业委员会和岭南师范学院心理传记学与生命叙事研究所共同主办，每年出版两辑(6月和12月出版)，中央编译出版社出版。本刊实行匿名审稿制，设有如下栏目：心理传记学；叙事心理学（含生命叙事、自我叙事、生命史等）；以及其他各种质性方法在心理学研究中的应用（如扎根理论、解释现象学分析、话语分析、对谈分析、叙事访谈、生命故事访谈、焦点团体、民族志、参与式观察等）。

投稿格式要求：

一、稿件提交：来稿需提交Word文档电子版（发送至电子邮箱：smxsxlzj@sina. com）

二、文章字数要求：考虑到本集刊的特点及创新性问题，对稿件字数不做严格要求，但每篇文章最多不超过3万字。

三、文题、作者及单位：中文文题一般以20个汉字以内为宜。作者姓名列在文题下，单位列在作者姓名之下。单位项依次列出单位名称，单位所在城市和邮政编码，三者之间用逗号分隔。如有基金资助的文章，在文题后面打上“＊”，在页下注中列出“＊”及所对应的基金名称、项目批准号；同时，也一并在首页页下注中列出第一作者或通讯作者的电子邮箱。

四、摘要和关键词：须附中、英文摘要。中文摘要不超过300字，为了便于国际交流，英文摘要可长些，但不超过500字或一页。中英文关键词3—5个，每个词之间用逗号分隔。摘要二字之间隔一个汉字。

五、正文：各级标题序号依次用一、（一）、1和（1），做为一级标题，二级标题，三级标题和四级标题。文中表格采用三线表。根据出现的顺序列出表（图）1、表（图）2及其相应的名称等。表（图）序及表名列于整个表（图）上方正中间，如有表（图）注，列在表（图）的下方。

正文中引用的研究文献可以作为句子的一个成分，放在引用内容的前面，例如，张三和李四（2011）认为……；也可放在引用内容的后面，例如，……心理传记学与人格学的关系（张三，李四，2011）。最多列出三个作者，中间用逗号分隔；如是英文作者，两个作者的，其间用“&”号分隔，三个作者的，在第二作者与第三作者之间用“&”。超过三个作者的，后加“等”字或“et al.”。如直接引用他人的一段话，可另起一段，缩进两字，不加引号，小5号楷体。正文中注释采用页下注（脚注），用符号①、②……在文中标出，每页依序重新编号。引用内容如果为图书文献，要在相应的文中列出引用的内容所在页码，例如，（张三，1998：68）。

六、参考文献：执行APA格式的“作者－出版年制”。中文文献在前，英文文献在后，按照作者姓氏字母顺序排列。几种主要文献的书写格式举例如下：

1. 中文文献

（1）引用期刊

作者（出版年）. 文章题目 . 刊名 . 刊卷（期），页码.

张建人，周晋彪，凌辉（2010）. 鲁迅人格的心理传记学研究 . 中国临床心理学杂志，18（3），339—342.

(2) 引用专著

作者(出版年). 书名. 出版社所在城市: 出版社.

胡波(1997). 岭南文化与孙中山. 广州: 中山大学出版社.

(3) 引用析出文献

作者(出版年). 析出文章名. 编者. 书名. 出版社所在城市: 出版社.

何翠萍(1992). 比较象征学大师——特纳. 见黄英贵主编. 见证与诠释: 当代人类学家. 台北: 中正书局.

(4) 引用译著

作者译名或原名(采用译名或原名以译著封面标识为准)(译著出版年). *书名*(某某译). 出版社所在城市: 出版社.(原著版本语言及出版年).

沃尔特.C. 兰格(2011). 希特勒的心态——战时秘密报告(程洪雁译). 北京: 中央编译出版社.(英文版1972年).

(5) 引用会议论文

作者(出版年月). 论文题目. 会议名称, 会议地点

郑剑虹(2011, 9月). 心理传记学研究的质量结合模式与资料筛选. 第七届华人心理学家学术研讨会论文, 台北.

(6) 引用学位论文

作者(出版年月). 论文题目. 学位, 授予学位单位, 城市.

朱晨海(2003). 近现代中国文化名人人格研究. 博士学位论文, 华东师范大学心理系, 上海.

2. 英文文献

(1) 引用期刊(刊名斜体字)

Authur, A. A. (year). Title of Article. *Title of Periodical*. issue, page number.

McAdams, D. P. (2001). The Psychology of Life Stories. *Review of General Psychology*, 5 (1), 100 – 122.

（2）引用专著（书名斜体字）

Authur，A. A.（year）. *Title of Work.* Location：Publisher.

McAdams，D. P. & Ochberg，R. L.（1988）. *Psychobiography and Life Narratives.* Durham and London：Duke University Press.

（3）引用析出文献（书名斜体字）

Authur，A. A.（year）. Title of Chapter. In Editor A. & Editor B.（Eds.），*Title of Book*（page number）. Location：Publisher.

Crosby，F.，& Crosby，T. L.（1981）. Psychobiography and Psychohistory. In S. L. Long（Ed.），*The Handbook of Political Behavior.* New York：Plenum，pp. 195 –254.

（4）引用会议论文（论文题目斜体字）

Authur，A. A.（year）. Title of Paper. *Paper Sourse*，Location.

Karpiak，I. E.（2008，October）. At Midlife：Crossing a Threshold of Change，Challenge，and Creativity. Paper presented at National Chengchi University on 2008 International Conference on Creativity Education，Taipei.

（5）引用学位论文（论文题目斜体字）

Authur，A. A.（year）. Title of paper. Degree，University，City，Country.

Almeida，D. M.（1990）. *Fathers' Participation in Family Work：Consequences for Fathers' Stress and Father-child Relations.* Master Dissertation，University of Victoria，Victoria，British Columbia，Canada.

未提及的文献类型，请查阅《美国心理协会写作手册》（英文第5版，中译本，重庆大学出版社，2008）。

其中中文部分的逗号、括号等标点符号用全角，连接号"—"为一字线。英文部分标点符号为半角，连接号"-"为半字线。不可混用。

已有中文译本的英文文献，如果作者参考的是原著，则按英文文献处理；

如果参考的是译著，则按照中文文献中的译著处理。

七、访谈稿：访谈录音稿转录为逐字稿后，要断句，加标点符号。

八、数字：公历世纪、年代、年、月、日、时刻和计量均用阿拉伯数字。

九、字体要求：文题（小2宋体加粗）；作者（小4宋体加粗）；作者单位（小5宋体）；摘要与关键词（小5宋体，1.5倍行距。摘要二字之间分隔一个汉字，关键词之间用逗号分隔，摘要和关键词这几个字字体加粗）；正文（5号宋体，1.5倍行距编辑；英文和数字均采用“Times New Roman 字体；图表为小5号宋体。一级标题4号宋体加粗，二级标题5号宋体加粗，三级标题5号黑体，四级标题5号宋体）；参考文献四字顶格，5号宋体加粗；引用的各类参考文献字体为小5号宋体。脚注字体为6号宋体。英文刊名、书名、会议论文、学位论文和网络论文题目用斜体。文中的统计学符号采用斜体。